FORSCHUNGSBERICHTE DES LANDES NORDRHEIN-WESTFALEN

Nr. 1974

Herausgegeben im Auftrage des Ministerpräsidenten Heinz Kühn
von Staatssekretär Professor Dr. h. c. Dr. E. h. Leo Brandt

DK 621.317.335.001.36
677.061:311.15

Prof. Dr.-Ing. Dr.-Ing. E. h. Walther Wegener, F. T. I.
Dipl.-Ing. Rolf Guse

Institut für Textiltechnik der Rhein.-Westf. Techn. Hochschule Aachen

Vergleich von Meßkondensatoren unterschiedlicher Bauart für die kapazitive Bestimmung der Ungleichmäßigkeit von Faserverbänden

WESTDEUTSCHER VERLAG · KÖLN UND OPLADEN 1968

ISBN 978-3-663-06602-6   ISBN 978-3-663-07515-8 (eBook)
DOI 10.1007/978-3-663-07515-8

Verlags-Nr. 011974

© 1968 by Westdeutscher Verlag GmbH, Köln und Opladen

Gesamtherstellung: Westdeutscher Verlag ·

Inhalt

1. Einleitung 5

2. Die experimentelle Bestimmung der Form und der effektiven Länge des Meßfeldes eines Meßwertgebers 6

   2.1 Die Ermittlung der Form und der Länge eines Meßfeldes mittels eines Massepunktes 6

   2.2 Die Ermittlung der Form und der Länge eines Meßfeldes mittels eines Rechtecksprunges 6

   2.3 Die Ermittlung der Länge eines Meßfeldes mittels eines Bandes mit rechteckförmiger Materialdichteverteilung 7

3. Die Berechnung der durch die Bewegung des Prüfgutes entstehenden effektiven Abtastlänge 9

   3.1 Die Berechnung der effektiven Abtastlänge unter der Annahme eines cosinusförmigen Feldstärkeverlaufes des abtastenden Meßwertgebers 10

   3.2 Die Berechnung der effektiven Abtastlänge unter der Annahme eines rechteckförmigen Feldstärkeverlaufes des abtastenden Meßwertgebers ... 14

4. Die Berechnung der Längenvariationsfunktion einer sinusförmigen und einer rechteckförmigen Materialdichteverteilung des Prüfgutes unter der Annahme einer Vormittelung durch Meßwertgeber mit unterschiedlichem Verlauf der Meßfeldstärke 16

   4.1 Die Berechnung der Längenvariationsfunktion einer sinusförmigen Materialdichteverteilung des Prüfgutes 17

   4.2 Die Berechnung der Längenvariationsfunktion einer rechteckförmigen Materialdichteverteilung des Prüfgutes 24

   4.3 Zusammenstellung der Ergebnisse der Berechnungsbeispiele zur Bestimmung der Längenvariationsfunktion 25

5. Vergleich der berechneten Längenvariationsfunktionen mit verschiedenen durch Messung ermittelten Längenvariationsfunktionen 27

6. Diskussion der berechneten Längenvariationsfunktionen 28

7. Die maximal zulässige Meßfeldlänge eines Meßwertgebers bei der Abtastung eines Faserverbandes mit einer gegebenen mittleren Faserlänge 29

8. Eine neue Definition der effektiven Abtastlänge 32

9. Feuchtigkeitsempfindlichkeit von Längs- und Querfeldkondensatoren 33

    9.1 Definition der Feuchtigkeitsempfindlichkeit 34

    9.2 Versuchsdurchführung zur Ermittlung der Feuchtigkeitsempfindlichkeit von Meßkondensatoren 34

    9.3 Ergebnisse der Feuchtigkeitsuntersuchungen 36

10. Zusammenfassung 37

11. Literaturverzeichnis 38

Anhang 40

1. Einleitung

Die Ermittlung der Ungleichmäßigkeit von Faserverbänden ist ein wesentliches Gebiet der Textilprüfung. Es gibt drei verschiedene Funktionen zur Charakterisierung der Ungleichmäßigkeit, nämlich die Spektrumsfunktion, die Autokorrelationsfunktion und die Längenvariationsfunktion. Über die Aussagefähigkeit der drei Kennfunktionen und über die Zusammenhänge zwischen ihnen haben unter anderen WEGENER und Mitarbeiter [1–12] eingehend berichtet.

Zur Beurteilung der Ungleichmäßigkeit eines Faserverbandes geben WEGENER [1] und HOTH [1] der Längenvariationsfunktion den Vorzug. Bei der Ermittlung der Längenvariationsfunktion wird die Querstreuung während des Prüfvorganges direkt mitbestimmt, wenn der Gesamt-Faserverband aus mehreren aneinandergereihten Einzel-Faserverbänden besteht. Bei der Autokorrelations- und bei der Spektrumsfunktion dagegen müßte die Querstreuung gesondert ermittelt werden, was auf experimentellem Wege nicht ohne weiteres möglich ist.

Zur Ermittlung der Längenvariationsfunktion sind verschiedene Verfahren [13, 14] bekannt. Bei der Methode des Schneidens und Wiegens wird der Faserverband in eine Vielzahl von Stücken der verschiedenen Längen L zerschnitten. Die zu jeder gewählten Länge L gehörigen einzelnen Faserverbandstücke werden gewogen. Aus dem Ergebnis wird der Variationskoeffizient berechnet. Das Verfahren ist sehr zeitraubend. Es wurde daher eine Reihe anderer Verfahren entwickelt, bei denen die Masse, der Querschnitt oder der Durchmesser eines Faserverbandes kontinuierlich gemessen wird. Allerdings ist die Diagrammauswertung bei diesen Verfahren immer noch sehr umständlich.

Aus diesem Grunde wurden vom Institut für Textiltechnik der Rhein.-Westf. Technischen Hochschule Aachen die Mehrfach-Summations- und Auswertanlagen Aachen I und II [15, 16] zur einfachen Erstellung von Längenvariationskurven entwickelt. Das Prinzip dieser Anlagen lehnt sich eng an die diskontinuierliche Methode des Schneidens und Wiegens an. Ein mit konstanter Geschwindigkeit sich bewegender Faserverband wird von einem Meßwertgeber abgetastet. Die Meßgröße (z. B. der Durchmesser oder die Masse des Faserverbandes) erzeugt eine ihr proportionale Meßspannung, die nach entsprechender Verstärkung in die Auswertanlage gelangt. Dort wird die Meßspannung während einer vorgegebenen Meßzeit integriert. Der am Ende der Meßzeit sich bildende Integrationswert läßt sich in einer Klassiereinheit speichern. Er stellt den Mittelwert der Meßgröße des während der Meßzeit durch den Meßwertgeber gelaufenen Faserverbandstückes dar. Durch ständiges Wiederholen dieses Meßzyklus bei durchlaufendem Faserverband ergeben sich viele einzelne Integrationswerte, die wie in einem diskontinuierlichen Meßverfahren gespeichert und klassiert werden. Aus den klassierten Werten läßt sich der Variationskoeffizient berechnen. Die Auswertanlagen geben die Möglichkeit, gleichzeitig verschiedene Meßzeiten einzustellen, so daß bei einem Durchlauf mehrere verschieden lange Faserverbandstücke abgetastet werden können. Auf diese Weise ist es möglich, in nur zwei Durchläufen bei zwei verschiedenen Geschwindigkeiten mit der ersten Anlage sieben und mit der zweiten Anlage sogar neun Punkte der Längenvariationskurve zu erstellen.

Bei allen Auswertanlagen (z. B. auch bei den Mehrfach-Summations- und Auswertanlagen Aachen I und II), die die Meßwerte auf Grund von Integrationen über bestimmte Zeitabschnitte erstellen, ist die Bestimmung der sogenannten Abtastlänge jedoch problematisch. Zu Beginn und am Ende einer jeweiligen Abtastzeit wird der Faserverband nämlich nicht von der vollen Länge des Meßwertgebers überstrichen. Dadurch entsteht eine Gewichtung des abgetasteten Faserverbandsstückes, welche von der Durchlaufgeschwindigkeit des Faserverbandes durch den Meßwertgeber, von der Form und von der Länge des Meßfeldes sowie von der Meßzeit abhängt.

2. Die experimentelle Bestimmung der Form und der effektiven Länge des Meßfeldes eines Meßwertgebers

Die Form und die Länge eines Meßfeldes können nach verschiedenen Methoden bestimmt werden:
a) die Ermittlung der Form und der Länge eines Meßfeldes mittels eines Massepunktes,
b) die Ermittlung der Form und der Länge eines Meßfeldes mittels eines Rechtecksprunges,
c) die Ermittlung der Länge eines Meßfeldes mittels eines Bandes mit rechteckförmiger Masseverteilung (Abb. 3, Methode nach WEGENER und ROSEMANN [7])

Mathematisch sind alle drei Methoden zur Bestimmung der Meßfeldlänge eines Meßwertgebers gleichwertig. Jedoch bietet je nach der Form und der Ausdehnung des Meßfeldes die eine oder die andere Methode den Vorteil größerer Genauigkeit.

2.1 Die Ermittlung der Form und der Länge eines Meßfeldes mittels eines Massepunktes

Bei der Ermittlung der Form und der Länge eines Meßfeldes mittels eines Massepunktes ist davon auszugehen, daß ein Massepunkt mit konstanter Geschwindigkeit durch das Meßfeld eines Meßwertgebers geführt wird. Die Meßanzeige läßt sich während der Messung durch einen Schreiber aufzeichnen. Wegen der geringen Ausdehnung des Massepunktes ist die Meßanzeige stets an der Stelle proportional der Stärke des Meßfeldes, an der sich der Massepunkt gerade befindet. Daher entsteht auf dem Registrierpapier des mitlaufenden Schreibers ein Abbild der Stärke des Meßfeldes. Bei bekannter Durchlaufgeschwindigkeit des Massepunktes durch den Meßwertgeber und bekannter Papiergeschwindigkeit lassen sich so die Abmessungen des Meßfeldes in Abzugsrichtung bestimmen. Als effektive Meßfeldlänge kann die Strecke zwischen den Punkten angesehen werden, an denen die Meßfeldstärke auf den halben Wert der maximalen Feldstärke abgesunken ist.

Bei der experimentellen Bestimmung der Meßfeldlänge von Meßkondensatoren wurde ein Perlonfaden mit einem den Massepunkt darstellenden Knoten verwendet. Bei diesem Verfahren muß jedoch darauf geachtet werden, daß die Ausdehnung des Knotens wesentlich geringer als die Abmessungen des Meßfeldes ist.

2.2 Die Ermittlung der Form und der Länge eines Meßfeldes mittels eines Rechtecksprunges

Die Möglichkeit, die Form und die Länge eines Meßfeldes mittels eines Rechtecksprunges zu bestimmen, besteht darin, einen Massesprung (Abb. 1a) durch die Meßanordnung hindurchlaufen zu lassen. Wird die Anzeige ebenso wie bei der Messung nach der im Abschnitt 2 unter a) aufgeführten Methode von einem Schreiber aufgezeichnet, so entspricht die entstandene Kurve dem Integral der Meßfeldstärke. Anschaulich kann der Massesprung von einer Vielzahl von einzelnen aneinandergereihten Massepunkten dargestellt werden (Abb. 1b). Jeder einzelne Massepunkt liefert einen Anteil zur Größe des Meßwertes. Der von dem Massesprung herrührende Meßausschlag entspricht also der Summe der Einzelanzeigen. Im Grenzfall, wenn die Anzahl der Massepunkte sehr groß und ihre Breite sehr gering ist, geht die Summe der Einzelanzeigen in das Integral über. Da nach der im Abschnitt 2.1 beschriebenen Methode die Papieraufzeichnung ein Abbild der Meßfeldstärke des Meßwertgebers darstellt, entsteht folglich bei der Methode, die Form und die Länge eines Meßfeldes mittels eines Rechtecksprunges zu ermitteln, auf dem Registrierpapier das Abbild des Integrals der Meßfeldstärke.

Der Anstieg der Kurve in einem bestimmten Punkt ist definitionsgemäß gleich dem Differentialquotienten in diesem Punkt. Zum Beispiel nimmt an der Stelle des stärksten Anstieges einer Kurve der Differentialquotient den höchsten Wert an. In der Abb. 2 ist die Kurve $M(s)$ zusammen mit ihrer Integralkurve $\int M(s)\,ds$ [cm] dargestellt (die Meßfeldstärke kann auf eine Normalfeldstärke bezogen gedacht werden; dadurch wird sie dimensionslos). Der Anstieg der Integralkurve in jedem Punkt entspricht dem Wert der Kurve $M(s)$ in dem zugehörigen Punkt. Die Integralkurve nimmt demnach einen konstanten Wert an, sobald die Funktion $M(s)$ auf Null absinkt. Dieser konstante Wert entspricht der Fläche unter der Kurve $M(s)$. Jeder beliebigen anderen Kurve $M_1(s)$, die denselben Maximalwert durchläuft und denselben Flächeninhalt mit der Nullinie wie die Kurve $M(s)$ einschließt, läßt sich eine Integralkurve zuordnen, die ebenso denselben maximalen Anstieg hat und demselben Grenzwert zustrebt wie die Integralkurve $\int M(s)\,ds$. Die genannten Forderungen können also auch von einem entsprechenden Rechteck erfüllt werden (Abb. 2). Die Länge eines solchen Rechteckes kann als effektive Meßfeldlänge eines Meßwertgebers angesehen werden.

In der Integraldarstellung der Funktion $M(s)$ kann das in die Figur der Abb. 2a eingezeichnete Rechteck – und damit die effektive Meßfeldlänge – leicht gefunden werden, wenn an die Integralkurve im Punkt des größten Anstieges eine Tangente angelegt wird. Der Punkt, in dem die Tangente die Nullinie schneidet, und der Punkt, in dem die Tangente den Maximalwert der Integralkurve überschreitet, geben die Begrenzungen der effektiven Meßfeldlänge an. Die experimentelle Bestimmung der Meßfeldlänge von Meßkondensatoren nach der im Abschnitt 2 unter b) aufgeführten Methode geschah mittels eines Filmbandes. Dieses Filmband mit einer eingestanzten rechteckigen Aussparung, deren Länge die zu bestimmende Meßfeldlänge wesentlich übersteigen muß, wurde mit konstanter Geschwindigkeit durch den Meßkondensator geführt. In der mitgeschriebenen Meßanzeige läßt sich durch Anlegen der Tangente an die Kurve im Punkt der größten Steigung in der angegebenen Weise die Meßfeldlänge bestimmen.

2.3 Die Ermittlung der Länge eines Meßfeldes mittels eines Bandes mit rechteckförmiger Materialdichteverteilung

Die im Abschnitt 2 unter c) angegebene Methode zur Bestimmung der Meßfeldlänge mittels eines Bandes mit rechteckförmiger Materialdichteverteilung ist nur bei einem Meßwertgeber mit rechteckförmiger Meßfeldstärke anwendbar. Näherungsweise wird diese Voraussetzung von einem Querfeldkondensator erfüllt. Daher läßt sich das genannte Verfahren zur Bestimmung der Meßfeldlänge eines Querfeldkondensators verwenden. Zu diesem Zweck werden Bänder mit periodisch wiederkehrenden Löchern der Länge $\frac{c}{2}$ [cm] mit dem gegenseitigen Abstand $\frac{c}{2}$ (Abb. 3a) durch den Meßkondensator geführt und die zugehörigen Massediagramme aufgenommen. Ein solches Massediagramm enthält bei der Abtastung des Bandes mittels eines unendlich schmalen Meßkondensators in den aufeinanderfolgenden Bereichen der gleichen Länge $\frac{c}{2}$ abwechselnd die konstanten Werte $(a + b)$ [g/cm] und $(a - b)$ [g/cm] (Abb. 3c). Hat der Meßkondensator eine endliche Meßfeldlänge e [cm] (angedeutet in der Abb. 3b), so müssen mehrere Fälle voneinander unterschieden werden. Zunächst sei die Annahme gemacht, daß die Meßfeldlänge e kleiner als die Lochlänge $\frac{c}{2}$ ist. Wenn durch ein solches Meßfeld die einzelnen Bereiche des Bandes hindurchgeschoben werden, entsteht der in der Abb. 3d dargestellte Kurvenzug. Infolge der Mittelung über die Strecke e verwandelt sich die in der Abb. 3c gezeichnete Rechteckfolge in eine Folge von Trapezen. Der über die Länge e an der Stelle x [cm] gemittelte Wert einer Funktion $y(x)$ [g/cm] hat die Größe

$$g(x) = \frac{1}{e} \int_{x-\frac{e}{2}}^{x+\frac{e}{2}} y(x)\,dx \quad [\text{g/cm}]$$

und soll Stückdichte genannt werden. Die Kurven in den Abb. 3c–3h stellen nichts anderes dar als die Stückdichte in Abhängigkeit von der Variablen x der Längsausdehnung des Prüfgutes. In der Abb. 3e hat die Meßfeldlänge e den Wert $\frac{c}{2}$ erreicht.

In diesem Fall gehen die Trapeze in Dreiecke über. Im Bereich $\frac{c}{2} < e < c$ (Abb. 3f) bilden sich wieder Trapeze, deren Höhe mit zunehmender Meßfeldlänge abnimmt. Im Grenzfall $e = c$ verflachen die Trapeze zu einer horizontalen Geraden. Im Bereich $c < e < \frac{3}{2}c$ entstehen wieder Trapezfolgen. Jedoch liegen die Maxima des Kurvenzuges an den Stellen, bei welchen in den Trapezfolgen im Bereich $e < c$ (Abb. 3d und 3f) die Minima liegen. Außerdem entsteht im Massediagramm für den Übergang des lochfreien Bandstückes zu dem Bandstück mit der eingestanzten Lochfolge im Anschluß an den konstanten Wert zunächst eine Stufe, auf die dann das erste Minimum folgt. Im Massediagramm für $e < c$ schließt sich dagegen an den konstanten Wert das erste Minimum der Kurve ohne Zwischenstufe an. Diese Änderung im Aufbau des Massediagrammes $g(x)$ [g/cm] für $e = c$ läßt sich zur Bestimmung der Meßfeldlänge eines Querfeldkondensators verwenden. Zu diesem Zweck wird ein Band mit Lochfolgen verschiedener Abmessungen benötigt. Die Lochlänge und der Abstand zwischen den einzelnen Löchern bleiben innerhalb einer Lochfolge konstant, verringern sich jedoch stufenweise von einer Lochfolge zur nächsten. Ein solches Band wird mit dem zu untersuchenden Meßwertgeber abgetastet. Die Lochlänge, bei der die strukturelle Änderung des Massediagrammes erfolgt, ist gleich der Hälfte der gesuchten Meßfeldlänge.

Von den drei beschriebenen Methoden dürfte die Knotenmethode die einfachste und anschaulichste sein. Jedoch läßt ihre Genauigkeit wegen der endlichen Ausdehnung der Knoten mit abnehmender Meßfeldlänge nach. Die genauesten Ergebnisse liefert die Massesprungmethode, da sich ein Massesprung sehr exakt herstellen läßt. Die Methode zur Bestimmung der Meßfeldlänge mittels eines Bandes mit rechteckförmiger Masseverteilung ist neben ihrer alleinigen Anwendbarkeit bei rechteckförmigem Feldstärkeverlauf des Meßwertgebers für den praktischen Gebrauch verhältnismäßig umständlich und aufwendig, da für die Ausführung der Messung ein Band mit einer Reihe **von** Löchern unterschiedlicher Abmessungen benötigt wird.

3. Die Berechnung der durch die Bewegung des Prüfgutes entstehenden effektiven Abtastlänge

Ist die Form des Meßfeldes bekannt, so läßt sich die durch die Bewegung des Prüfgutes entstehende effektive Abtastlänge aus der Form des Meßfeldes, der Geschwindigkeit des Prüfgutes und der Meßzeit berechnen. Die Stärke, mit der die einzelnen Punkte eines Prüfgutes bei der Abtastung während einer Meßzeit in die Mittelwertbildung eingehen, kann durch eine Gewichtungsfunktion dargestellt werden. Unter der effektiven Abtastlänge L [cm] soll die Länge verstanden werden, die ein Rechteck einnimmt, dessen Fläche F_R [cm] gleich der Fläche F_G [cm] unter der Gewichtungsfunktion und dessen Höhe gleich der Größe der maximalen Gewichtung G_{max} [—] ist. Entsprechend dieser Definition läßt sich die effektive Abtastlänge als

$$L = \frac{F_G}{G_{max}} \qquad [\text{cm}] \tag{1}$$

schreiben.

Bei der Berechnung der Gewichtungsfunktion muß zwischen zwei Fällen (hier A und B genannt) unterschieden werden. Der Fall A tritt auf, wenn die Strecke vT [cm], die während der Meßzeit T [s] von einem Prüfgut mit der Geschwindigkeit v [cm/s] durchlaufen wird, kürzer ist als die Einflußlänge e [cm] des Meßfeldes (als Einflußlänge eines Meßwertgebers wird die Länge zwischen zwei Punkten des Meßfeldes bezeichnet, an denen die Feldstärke gerade auf Null absinkt; Abb. 4). Im Fall B ist die Strecke vT größer als die Einflußlänge e des Meßfeldes.

Zunächst soll der Fall A ($0 \leq vT \leq e$) betrachtet werden. Liegt ein Punkt s [cm] des Prüfgutes zwischen den Punkten 0 und vT, so wird er vom Meßfeld während der Zeit von 0 bis $\frac{s}{v}$ [s] überstrichen. Der Integrationswert $A(s)$ [s], also die klassierbare Anzeige (im folgenden kurz Anzeige genannt), die ein Punkt s des Prüfgutes während der Meßzeit T erreicht, bestimmt sich daher aus dem Ausdruck

$$A(s) = \int_0^{\frac{s}{v}} M(w)\, dt = \int_0^{\frac{s}{v}} M(s - vt)\, dt \qquad [\text{s}] \qquad \text{für } 0 \leq s \leq vT, \tag{A2a}$$

worin w [cm] die Variable der Längsausdehnung des Meßfeldes bedeutet. Die Variable w ist mit dem Punkt s des Prüfgutes durch die Beziehung $w = s - vt$ verknüpft. Die Größe $M(w)$ [—] bzw. $M(s - vt)$ [—] stellt die Meßfeldstärke in Abhängigkeit von der Längsausdehnung des Meßfeldes dar. (Ebenso wie im Abschnitt 2.2 kann die Meßfeldstärke wieder auf eine Normalfeldstärke bezogen gedacht und zusätzlich die im Punkt s befindliche Materialdichte als Einheit betrachtet werden. Durch diese Voraussetzungen wird die Allgemeingültigkeit der folgenden Ableitungen nicht beeinflußt, jedoch die Schreibweise der Gleichungen wesentlich vereinfacht.) Die Punkte s im Bereich zwischen vT und e werden während der gesamten Meßzeit, im Bereich zwischen e und $e + vT$ dagegen nur während der Zeit von $\frac{s-e}{v}$ bis T überstrichen. Daher läßt sich für die Anzeige $A(s)$ in den genannten Bereichen das Integral

$$A(s) = \int M(s - vt)\, dt \qquad [\text{s}] \tag{2}$$

mit den Grenzen

$$t = 0 \quad \text{und} \quad t = T \qquad \text{für } vT \leq s \leq e \tag{A2b}$$

$$t = \frac{s-e}{v} \quad \text{und} \quad t = T \qquad \text{für } e \leq s \leq e + vT \tag{A2c}$$

aufstellen. Liegt ein Punkt außerhalb des Bereiches von 0 bis $e + vT$, so gilt für ihn

$$A(s) = 0 \tag{A2d}$$

Im Fall B, also wenn $vT \geq e$ ist, gilt für die während der Meßzeit von der Materialdichte im Punkt s erreichte Anzeige das Integral (2) in den Grenzen

$$t = 0 \quad \text{und} \quad t = \frac{s}{v} \qquad \text{für } 0 \leq s \leq e \tag{B2a}$$

$$t = \frac{s-e}{v} \quad \text{und} \quad t = \frac{s}{v} \qquad \text{für } e \leq s \leq vT \tag{B2b}$$

$$t = \frac{s-e}{v} \quad \text{und} \quad t = T \qquad \text{für } vT \leq s \leq vT + e \tag{B2c}$$

Die Gewichtung $G(s)$, mit der ein bestimmter Punkt des Prüfgutes in die Messung eingeht, läßt sich errechnen, wenn die während der Meßzeit erreichte Anzeige $A(s)$ auf die maximal erreichbare Anzeige $A_{\max}$ bezogen wird. Unter dieser Voraussetzung erhält die Gewichtung die Form

$$G(s) = \frac{A(s)}{A_{\max}}. \tag{3}$$

Der weitere Rechengang zur Berechnung der verschiedenen Größen, wie z. B. der effektiven Abtastlänge, der Gewichtung usw., verläuft für die beiden Fälle A und B völlig gleich. Daher werden alle Rechnungen für beide Fälle gemeinsam durchgeführt. Die Gleichungen, die für den Fall A bzw. für den Fall B gelten, sind durch das Vorsetzen des Buchstabens A bzw. B vor die Gleichungsnummer entsprechend gekennzeichnet.

3.1 Die Berechnung der effektiven Abtastlänge unter der Annahme eines cosinusförmigen Feldstärkeverlaufes des abtastenden Meßwertgebers

Das Garnungleichmäßigkeitsprüfgerät »Textronograph« der Firma Haase-Deyerling, Negenborn, – im folgenden kurz Textronograph genannt – wurde von WEGENER und Mitarbeitern [13, 14, 17] eingehend beschrieben. In Verbindung mit diesem Gerät werden Längsfeldkondensatoren als Abtastorgane verwendet, die einen der Cosinusfunktion ähnlichen Feldstärkeverlauf des Meßfeldes aufweisen. Daher geschah die Annäherung der tatsächlichen Feldstärkefunktion der Längsfeldkondensatoren durch die in der Abb. 4 dargestellte und in den Gleichungen

$$M(s - vt) = \tfrac{1}{2} - \tfrac{1}{2} \cos 2\pi \frac{s - vt}{e} \qquad \text{für } 0 \leq s - vt \leq e \tag{4a}$$

$$M(s - vt) = 0 \qquad \text{für } s - vt \leq 0 \text{ und } s - vt \geq e \tag{4b}$$

ausgedrückte Funktion. Unter der Annahme dieser Gegebenheiten verwandelt sich die Gl. (2) in den Ausdruck

$$A(s) = \int \left(\tfrac{1}{2} - \tfrac{1}{2} \cos 2\pi \frac{s-vt}{e} \right) dt \qquad (5)$$

mit den Grenzen

$$t = 0 \quad \text{und} \quad t = \frac{s}{v} \qquad \text{für } 0 \leq s \leq vT \qquad (A5a)$$

$$t = 0 \quad \text{und} \quad t = T \qquad \text{für } vT \leq s \leq e \qquad (A5b)$$

$$t = \frac{s-e}{v} \quad \text{und} \quad t = T \qquad \text{für } e \leq s \leq e + vT \qquad (A5c)$$

$$t = 0 \quad \text{und} \quad t = \frac{s}{v} \qquad \text{für } 0 \leq s \leq e \qquad (B5a)$$

$$t = \frac{s-e}{v} \quad \text{und} \quad t = \frac{s}{v} \qquad \text{für } e \leq s \leq vT \qquad (B5b)$$

$$t = \frac{s-e}{v} \quad \text{und} \quad t = T \qquad \text{für } vT \leq s \leq vT + e \qquad (B5c)$$

Die Auswertung des Integrals (5) führt auf den Ausdruck

$$A(s) = \frac{t}{2} + \frac{e}{4\pi v} \sin 2\pi \frac{s-vt}{e} \qquad (6)$$

in den angegebenen Integrationsgrenzen.
Werden die Integrationsgrenzen eingesetzt, so ergeben sich die Gleichungen

$$A(s) = \frac{s}{2v} - \frac{e}{4\pi v} \sin 2\pi \frac{s}{e} \quad [s] \quad \text{für } 0 \leq s \leq vT \qquad (A7a)$$

$$A(s) = \frac{T}{2} + \frac{e}{4\pi v} \left(\sin 2\pi \frac{s-vT}{e} - \sin 2\pi \frac{s}{e} \right) \quad [s]$$
$$\text{für } vT \leq s \leq e \qquad (A7b)$$

$$A(s) = \frac{T}{2} - \frac{s-e}{2v} + \frac{e}{4\pi v} \sin 2\pi \frac{s-vT}{e} \quad [s]$$
$$\text{für } e \leq s \leq e + vT \qquad (A7c)$$

$$A(s) = \frac{s}{2v} - \frac{e}{4\pi v} \sin 2\pi \frac{s}{e} \quad [s] \quad \text{für } 0 \leq s \leq e \qquad (B7a)$$

$$A(s) = \frac{e}{2v} \quad [s] \qquad \text{für } e \leq s \leq vT \qquad (B7b)$$

$$A(s) = \frac{T}{2} - \frac{s-e}{2v} + \frac{e}{4\pi v} \sin 2\pi \frac{s-vT}{e} \quad [s]$$
$$\text{für } vT \leq s \leq vT + e \qquad (B7c)$$

Die maximale Anzeige tritt sowohl im Fall A als auch im Fall B für den Punkt $s = \dfrac{vT + e}{2}$ auf. Nach dem Einsetzen dieses Punktes in die Gl. (A7b) entsteht der Ausdruck

$$A_{\max} = \frac{T}{2}\left(1 + \frac{e}{\pi v T}\sin\frac{\pi v T}{e}\right) \quad [\text{s}] \tag{A8}$$

für die maximale Anzeige. Im Fall B hat die Funktion $A(s)$ in dem Bereich, in dem der Punkt $s = \dfrac{vT + e}{2}$ liegt, einen konstanten Verlauf. Daher nimmt die maximale Anzeige den Wert

$$A_{\max} = \frac{e}{2v} \quad [\text{s}] \tag{B8}$$

an.

Unter der Berücksichtigung der Gl. (3) vereinigen sich im Fall A ($0 \leqq vT \leqq e$) die Ausdrücke (A7) und (A8) sowie im Fall B ($vT \geqq e$) die Ausdrücke (B7) und (B8) zu den Gleichungen der Gewichtung

$$G(s) = \frac{1}{1 + \dfrac{e}{\pi v T}\sin\dfrac{\pi v T}{e}}\left[\frac{s}{vT} - \frac{e}{2\pi v T}\sin 2\pi\frac{s}{e}\right]$$

$$\text{für } 0 \leqq s \leqq vT \tag{A9a}$$

$$G(s) = \frac{1}{1 + \dfrac{e}{\pi v T}\sin\dfrac{\pi v T}{e}}\left[1 + \frac{e}{2\pi v T}\left(\sin 2\pi\frac{s - vT}{e} - \sin 2\pi\frac{s}{e}\right)\right]$$

$$\text{für } vT \leqq s \leqq e \tag{A9b}$$

$$G(s) = \frac{1}{1 + \dfrac{e}{\pi v T}\sin\dfrac{\pi v T}{e}}\left[1 - \frac{s - e}{vT} + \frac{e}{2\pi v T}\sin 2\pi\frac{s - vT}{e}\right]$$

$$\text{für } e \leqq s \leqq vT + e \tag{A9c}$$

$$G(s) = \frac{s}{e} - \frac{1}{2\pi}\sin 2\pi\frac{s}{e} \quad \text{für } 0 \leqq s \leqq e \tag{B9a}$$

$$G(s) = 1 \quad \text{für } e \leqq s \leqq vT \tag{B9b}$$

$$G(s) = 1 - \frac{s - vT}{e} + \frac{1}{2\pi}\sin 2\pi\frac{s - vT}{e}$$

$$\text{für } vT \leqq s \leqq vT + e \tag{B9c}$$

Das Gesamtgewicht F_G der Gewichtungsfunktion entspricht der Fläche unter der Funktion $G(s)$, die bereichsweise durch verschiedene Ausdrücke dargestellt wird. Im Fall A setzt sich aus der Summe der in den einzelnen Bereichen gültigen Integrale das Gesamtgewicht

$$F_G = \frac{1}{1 + \dfrac{e}{\pi vT} \sin \dfrac{\pi vT}{e}} \left\{ \int_0^{vT} \left[\frac{s}{vT} - \frac{e}{2\pi vT} \sin 2\pi \frac{s}{e} \right] ds \right.$$

$$+ \int_{vT}^{e} \left[1 + \frac{e}{2\pi vT} \left(\sin 2\pi \frac{s-vT}{e} - \sin 2\pi \frac{s}{e} \right) \right] ds$$

$$\left. + \int_{e}^{vT+e} \left[1 - \frac{s-e}{vT} + \frac{e}{2\pi vT} \sin 2\pi \frac{s-vT}{e} \right] ds \right\} \text{ [cm]}$$

$$\text{für } 0 \leqq vT \leqq e \qquad \text{(A 10)}$$

zusammen. Die Auswertung der Integrale liefert

$$F_G = \frac{1}{1 + \dfrac{e}{\pi vT} \sin \dfrac{\pi vT}{e}} \left\{ \left[\frac{s^2}{2vT} + \frac{1}{vT} \left(\frac{e}{2\pi} \right)^2 \cos 2\pi \frac{s}{e} \right]_{s=0}^{vT} \right.$$

$$+ \left[s + \frac{1}{vT} \left(\frac{e}{2\pi} \right)^2 \left(-\cos 2\pi \frac{s-vT}{e} + \cos 2\pi \frac{s}{e} \right) \right]_{s=vT}^{e}$$

$$\left. + \left[s - \frac{s^2}{2vT} + \frac{es}{vT} - \frac{1}{vT} \left(\frac{e}{2\pi} \right)^2 \cos 2\pi \frac{s-vT}{e} \right]_{s=e}^{vT+e} \right\} \text{ [cm]}$$

$$\text{für } 0 \leqq vT \leqq e \qquad \text{(A 11)}$$

und schließlich

$$F_G = \frac{e}{1 + \dfrac{e}{\pi vT} \sin \dfrac{\pi vT}{e}} \text{ [cm]} \qquad \text{für } 0 \leqq vT \leqq e \qquad \text{(A 12)}$$

Im Fall B lauten die Integrale zur Bestimmung des Gesamtgewichtes entsprechend

$$F_G = \int_0^e \left(\frac{s}{e} - \frac{1}{2\pi} \sin 2\pi \frac{s}{e} \right) ds + \int_e^{vT} ds + \int_{vT}^{vT+e} \left(1 - \frac{s-vT}{e} \right.$$

$$\left. + \frac{1}{2\pi} \sin 2\pi \frac{s-vT}{e} \right) ds \qquad \text{für } vT \geqq e \qquad \text{(B 10)}$$

mit der zugehörigen Auswertung

$$F_G = \left[\frac{s^2}{2e} + \frac{e}{(2\pi)^2} \cos 2\pi \frac{s}{e} \right]_{s=0}^{e} + s \Big|_{s=e}^{vT}$$

$$+ \left[s - \frac{s^2}{2e} + \frac{vT}{e} s - \frac{e}{(2\pi)^2} \cos 2\pi \frac{s-vT}{e} \right]_{s=vT}^{vT+e}$$

$$\text{für } vT \geqq e \qquad \text{(B 11)}$$

Daraus folgt

$$F_G = vT \text{ [cm]} \qquad \text{für } vT \geqq e \qquad \text{(B 12)}$$

Definitionsgemäß [Gl. (3)] nimmt die maximale Gewichtung G_{max} bei Erreichen der maximalen Anzeige A_{max} den Wert 1 an. Daher erhält die effektive Abtastlänge unter der Berücksichtigung der Gl. (1) die Größe

$$L = \frac{e}{1 + \dfrac{e}{\pi v T} \sin \dfrac{\pi v T}{e}} \quad [\text{cm}] \qquad \text{für } 0 \leqq v T \leqq e \qquad (A\,13)$$

$$L = vT \quad [\text{cm}] \qquad \text{für } vT \geqq e \qquad (B\,13)$$

In der Abb. 6 ist die Funktion $L(vT)$ dargestellt.

3.2 Die Berechnung der effektiven Abtastlänge unter der Annahme eines rechteckförmigen Feldstärkeverlaufes des abtastenden Meßwertgebers

Das Ungleichmäßigkeitsprüfgerät »Uster« [18, 19, 20] der Firma Zellweger, Uster, – im folgenden kurz Uster-Gerät genannt – verwendet zur Garnabtastung Querfeldkondensatoren mit näherungsweise rechteckförmigem Feldstärkeverlauf. Daher wird im folgenden die Rechnung zur Bestimmung der effektiven Abtastlänge ebenfalls unter Zugrundelegung eines rechteckförmigen Feldstärkeverlaufes entsprechend den Gleichungen

$$M(s - vt) = 1 \qquad \text{für } 0 \leqq s - vt \leqq e \qquad (14a)$$

$$M(s - vt) = 0 \qquad \text{für } s - vt < 0 \text{ und } s - vt > e \qquad (14b)$$

(dargestellt in der Abb. 5) durchgeführt. Durch das Einsetzen der Funktion (14) in den allgemeinen Ausdruck (2) entsteht die Beziehung

$$A(s) = \int dt \qquad (15)$$

Gültig ist dieses Integral in den Grenzen

$$t = 0 \quad \text{und} \quad t = \frac{s}{v} \qquad \text{für } 0 \leqq s \leqq vT \qquad (A\,15a)$$

$$t = 0 \quad \text{und} \quad t = T \qquad \text{für } vT \leqq s \leqq e \qquad (A\,15b)$$

$$t = \frac{s-e}{v} \quad \text{und} \quad t = T \qquad \text{für } e \leqq s \leqq e + vT \qquad (A\,15c)$$

$$t = 0 \quad \text{und} \quad t = \frac{s}{v} \qquad \text{für } 0 \leqq s \leqq e \qquad (B\,15a)$$

$$t = \frac{s-e}{v} \quad \text{und} \quad t = \frac{s}{v} \qquad \text{für } e \leqq s \leqq vT \qquad (B\,15b)$$

$$t = \frac{s-e}{v} \quad \text{und} \quad t = T \qquad \text{für } vT \leqq s \leqq vT + e \qquad (B\,15c)$$

Die Lösung des Integrals (15) in den angegebenen Grenzen führt auf die Ausdrücke

$$A(s) = \frac{s}{v} \quad [\text{s}] \qquad \text{für } 0 \leqq s \leqq vT \qquad (A\,16a)$$

$$A(s) = T \quad [\text{s}] \qquad \text{für } vT \leqq s \leqq e \qquad (A\,16b)$$

$$A(s) = T - \frac{s-e}{v} \quad [\text{s}] \qquad \text{für } e \leqq s \leqq e + vT \qquad (A\,16c)$$

$$A(s) = \frac{s}{v} \quad [\text{s}] \qquad \text{für } 0 \leqq s \leqq e \qquad (B\,16a)$$

$$A(s) = \frac{e}{v} \quad [\text{s}] \qquad \text{für } e \leqq s \leqq vT \qquad (B\,16b)$$

$$A(s) = T - \frac{s-e}{v} \quad [\text{s}] \qquad \text{für } vT \leqq s \leqq vT + e \qquad (B\,16c)$$

Die maximale Anzeige hat im Fall A den Wert $A_{\max} = T$ [s] und im Fall B den Wert $A_{\max} = \frac{e}{v}$ [s]. Unter Berücksichtigung der Gl. (3) können die Gl. (A 16) und (B 16) zur Bestimmung der Gewichtung

$$G(s) = \frac{s}{vT} \qquad \text{für } 0 \leqq s \leqq vT \qquad (A\,17a)$$

$$G(s) = 1 \qquad \text{für } vT \leqq s \leqq e \qquad (A\,17b)$$

$$G(s) = 1 - \frac{s-e}{vT} \qquad \text{für } e \leqq s \leqq e + vT \qquad (A\,17c)$$

$$G(s) = \frac{s}{e} \qquad \text{für } 0 \leqq s \leqq e \qquad (B\,17a)$$

$$G(s) = 1 \qquad \text{für } e \leqq s \leqq vT \qquad (B\,17b)$$

$$G(s) = 1 - \frac{s-vT}{e} \qquad \text{für } vT \leqq s \leqq vT + e \qquad (B\,17c)$$

benutzt werden. Das Gesamtgewicht F_G der Gewichtungsfunktion entspricht der Fläche unter der Funktion $G(s)$ und kann durch die Integralsumme

$$F_G = \int_0^{vT} \frac{s}{vT} ds + \int_{vT}^{e} ds + \int_{e}^{e+vT} \left(1 - \frac{s-e}{vT}\right) ds$$
$$\text{für } 0 \leqq vT \leqq e \qquad (A\,18)$$

$$F_G = \int_0^{e} \frac{s}{e} ds + \int_{e}^{vT} ds + \int_{vT}^{vT+e} \left(1 - \frac{s-vT}{e}\right) ds$$
$$\text{für } vT \geqq e \qquad (B\,18)$$

ausgedrückt werden. Die Lösungen der Integrale lassen sich unter Verwendung der Gl. (3) und der Beziehung $G_{\max} = 1$ der effektiven Abtastlänge gleichsetzen. Daher erhält die effektive Abtastlänge die Größe

$$L = e \quad [\text{cm}] \qquad \text{für } 0 \leqq vT \leqq e \qquad (A\,19)$$

$$L = vT \quad [\text{cm}] \qquad \text{für } vT \geqq e \qquad (B\,19)$$

Die Funktion $L(vT)$ ist in der Abb. 7 dargestellt.

4. Die Berechnung der Längenvariationsfunktion einer sinusförmigen und einer rechteckförmigen Materialdichteverteilung des Prüfgutes unter der Annahme einer Vormittelung durch Meßwertgeber mit unterschiedlichem Verlauf der Meßfeldstärke

Beim Einsatz von Meßwertgebern zur Ermittlung der Längenvariationsfunktion eines Prüfgutes besteht die Frage, ob die Längenvariationsfunktion bei deren Aufnahme mittels zweier verschiedener Meßwertgeber mit unterschiedlich geformten Meßfeldern, jedoch mit gleicher effektiver Meßfeldlänge dieselben Werte annimmt oder nicht. Um dieses Problem zu klären, werden die Längenvariationsfunktionen für zwei verschiedene, einfache Materialdichteverteilungen jeweils bei Abtastung mit drei verschieden geformten Meßfeldern berechnet. Die einzelnen Berechnungsfälle werden in zwei Gruppen mit je drei Untergruppen aufgeteilt:

1. Prüfgut mit sinusförmiger Materialdichteverteilung (Abb. 8); Abtastung mittels
   a) eines Meßfeldes mit cosinusförmigem Feldstärkeverlauf
   b) eines Meßfeldes mit rechteckförmigem Feldstärkeverlauf
   c) eines unendlich kurzen Meßfeldes

2. Prüfgut mit rechteckförmiger Materialdichteverteilung (Abb. 9); Abtastung mittels
   a) eines Meßfeldes mit cosinusförmigem Feldstärkeverlauf
   b) eines Meßfeldes mit rechteckförmigem Feldstärkeverlauf
   c) eines unendlich kurzen Meßfeldes

Die äußere Längenvariationsfunktion ist unter der Voraussetzung einer sehr großen Gesamtfläche des Prüfgutes durch die Gleichung

$$CB = \lim_{l \to \infty} \frac{100}{\bar{g}} \sqrt{\frac{1}{l} \int_0^l (g(x) - \bar{g})^2 \, dx} \quad [\%] \tag{20}$$

definiert [7]. In diesem Ausdruck bedeuten x [cm] die Variable der Längsausdehnung des betrachteten Prüfgutes, l [cm] dessen gesamte Länge und

$$g(x) = \frac{1}{e + vT} \int_{x - \frac{vT+e}{2}}^{x + \frac{vT+e}{2}} y(u) \, G\left(u - x + \frac{vT+e}{2}\right) du \quad [g/cm] \tag{21}$$

die Stückdichte an der Stelle x. Es ist üblich [7, 8], als Stückdichte den Mittelwert der Materialdichte eines Prüfgutes einer bestimmten Länge zu bezeichnen. In dieser Arbeit wird jedoch die Materialdichte zunächst mit der örtlichen Stärke des Meßfeldes über die Länge $(vT + e)$ [cm] gewichtet. Erst dann geschieht die Mittelwertbildung. Der Einfachheit halber heißt der so entstandene Wert hier ebenfalls Stückdichte. Die Größe $G\left(u - x + \frac{vT+e}{2}\right)$ [—] in der Gl. (21) stellt die Gewichtungsfunktion $G(s)$ an der Stelle $s = u - x + \frac{vT+e}{2}$ dar, während der Ausdruck $y(u)$ [g/cm] der

Materialdichte des Prüfgutes an der Stelle $x = u$ entspricht. Die in der Gl. (20) auftretende mittlere Stückdichte $\bar{g}$ wird bei Annahme einer unendlich großen Gesamtlänge l des Prüfgutes nach der Gleichung

$$\bar{g} = \lim_{l \to \infty} \frac{1}{l} \int_0^l g(x)\, dx \quad [\text{g/cm}] \tag{22}$$

berechnet.

4.1 Die Berechnung der Längenvariationsfunktion einer sinusförmigen Materialdichteverteilung des Prüfgutes

Der Rechnung soll die in der Abb. 8 dargestellte Materialdichteverteilung

$$y(x) = a + b \sin 2\pi \frac{x}{c} \quad [\text{g/cm}] \qquad \text{mit } a > b \tag{23}$$

zugrunde gelegt werden. Bei der Abtastung eines Prüfgutes mittels eines Meßfeldes mit cosinusförmigem Feldstärkeverlauf [Gl. (4)] hat die Gewichtung im Fall A ($0 \leqq vT \leqq e$) die Form der Gl. (A9). Daher errechnet sich die Stückdichte unter zusätzlicher Berücksichtigung der Gl. (21) und (23) aus der Integralsumme

$$g\left(x + \frac{vT + e}{2}\right) = \frac{1}{1 + \dfrac{e}{\pi vT} \sin \dfrac{\pi vT}{e}} \cdot \frac{1}{e + vT}$$

$$\cdot \Bigg\{ \int_x^{x+vT} \left[a + b \sin 2\pi \frac{u}{c}\right] \left[\frac{u-x}{vT} - \frac{e}{2\pi vT} \sin 2\pi \frac{u-x}{e}\right] du$$

$$+ \int_{x+vT}^{x+e} \left[a + b \sin 2\pi \frac{u}{c}\right] \left[1 + \frac{e}{2\pi vT} \left(\sin 2\pi \frac{u-x-vT}{e}\right.\right.$$

$$\left.\left. - \sin 2\pi \frac{u-x}{e}\right)\right] du$$

$$+ \int_{x+e}^{x+e+vT} \left[a + b \sin 2\pi \frac{u}{c}\right] \left[1 - \frac{u-x-e}{vT}\right.$$

$$\left. + \frac{e}{2\pi vT} \sin 2\pi \frac{u-x-vT}{e}\right] du \Bigg\}. \tag{A24}$$

(Zunächst wird aus Gründen der Rechnungsvereinfachung die Stückdichte $g\left(x + \dfrac{vT+e}{2}\right)$ an der Stelle $s = u - \left(x + \dfrac{vT+e}{2}\right) + \dfrac{vT+e}{2} = u - x$ berechnet. Im Verlauf der folgenden Rechnung geschieht zum geeigneten Zeitpunkt der Übergang auf die interessierende Stückdichte $g(x)$.) Die Lösung der Integrale (A24) führt auf den Ausdruck

$$g\left(x + \frac{vT+e}{2}\right) = \frac{1}{vT(e+vT)\left(1 + \dfrac{e}{\pi vT}\sin\dfrac{\pi vT}{e}\right)}$$

$$\cdot \left\{ \left[\frac{au^2}{2} + b\left(\frac{c}{2\pi}\right)^2 \sin 2\pi \frac{u}{c} - \frac{bc}{2\pi} u \cos 2\pi \frac{u}{c} \right.\right.$$

$$\left.\left. - axu + \frac{bc}{2\pi} x \cos 2\pi \frac{u}{c} \right]_{\substack{u=x \\ 1}}^{x+vT}$$

$$+ \left[a\left(\frac{e}{2\pi}\right)^2 \cos 2\pi \frac{u-x}{e} - \frac{bc}{2(e-c)}\left(\frac{e}{2\pi}\right)^2 \sin 2\pi \frac{(e-c)u + cx}{ce} \right.$$

$$\left. + \frac{bc}{2(e+c)}\left(\frac{e}{2\pi}\right)^2 \sin 2\pi \frac{(e+c)u - cx}{ce} \right]_{\substack{u=x \\ 2}}^{x+vT}$$

$$+ \left[avTu - vT \frac{bc}{2\pi} \cos 2\pi \frac{u}{c} \right]_{\substack{u=x+vT \\ 3}}^{x+e}$$

$$+ \left[-a\left(\frac{e}{2\pi}\right)^2 \cos 2\pi \frac{u-x-vT}{e} \right.$$

$$+ \frac{bc}{2(e-c)}\left(\frac{e}{2\pi}\right)^2 \sin 2\pi \frac{(e-c)u + cx + cvT}{ce}$$

$$- \frac{bc}{2(e+c)}\left(\frac{e}{2\pi}\right)^2 \sin 2\pi \frac{(e+c)u - cx - cvT}{ce} + a\left(\frac{e}{2\pi}\right)^2 \cos 2\pi \frac{u-x}{e}$$

$$- \frac{bc}{2(e-c)}\left(\frac{e}{2\pi}\right)^2 \sin 2\pi \frac{(e-c)u + cx}{ce}$$

$$\left. + \frac{bc}{2(e+c)}\left(\frac{e}{2\pi}\right)^2 \sin 2\pi \frac{(e+c)u - cx}{ce} \right]_{\substack{u=x+vT \\ 4}}^{x+e}$$

$$+ \left[avTu - vT \frac{bc}{2\pi} \cos 2\pi \frac{u}{c} - \frac{au^2}{2} - b\left(\frac{c}{2\pi}\right)^2 \sin 2\pi \frac{u}{c} \right.$$

$$+ \frac{bc}{2\pi} u \cos 2\pi \frac{u}{c}$$

$$\left. + axu - x \frac{bc}{2\pi} \cos 2\pi \frac{u}{c} + aeu - e \frac{bc}{2\pi} \cos 2\pi \frac{u}{c} \right]_{\substack{u=x+e \\ 5}}^{x+e+vT}$$

$$+ \left[-a\left(\frac{e}{2\pi}\right)^2 \cos 2\pi \frac{u-x-vT}{e} \right.$$

$$+ \frac{bc}{2(e-c)}\left(\frac{e}{2\pi}\right)^2 \sin 2\pi \frac{(e-c)u + cx + cvT}{ce}$$

$$\left.\left. - \frac{bc}{2(e+c)}\left(\frac{e}{2\pi}\right)^2 \sin 2\pi \frac{(e+c)u - cx - cvT}{ce} \right]_{\substack{u=x+e \\ 6}}^{x+e+vT} \right\}. \qquad (A\,25)$$

Beim Einsetzen der in der Gl. (A 25) jeweils angegebenen Integrationsgrenzen werden die Klammerausdrücke mit den Indizes 1; 3 und 5 zuerst berücksichtigt und in der folgenden Gl. (A 26) in dem Klammerausdruck mit dem Index I zusammengefaßt. Die restlichen Klammerausdrücke (2; 4 und 6) der Gl. (A 25) finden sich im Klammerausdruck II der Gl. (A 26) wieder. Diese Anordnung wird gewählt, weil die beiden Ausdrucksgruppen in späteren Rechnungen getrennt wieder verwendet werden. Unter Berücksichtigung der genannten Gesichtspunkte erhält die Gl. (A 25) die Form

$$g\left(x+\frac{vT+e}{2}\right)=\frac{1}{vT(e+vT)\left(1+\frac{e}{\pi vT}\sin\frac{\pi vT}{e}\right)}\Bigg\{\Bigg\langle a\left[\frac{x^2}{2}+vTx+\frac{(vT)^2}{2}\right.$$

$$-\frac{x^2}{2}-x^2-vTx+x^2+vTx+evT-vTx-(vT)^2+vTx$$

$$+evT+(vT)^2-vTx-evT-\frac{x^2}{2}-\frac{e^2}{2}-\frac{(vT)^2}{2}-ex-vTx$$

$$-evT+\frac{x^2}{2}+ex+\frac{e^2}{2}+x^2+ex+vTx-x^2-ex+ex$$

$$+e^2+evT-ex-e^2\bigg]$$

$$+b\left(\frac{c}{2\pi}\right)^2\left[\sin 2\pi\frac{x+vT}{c}-\sin 2\pi\frac{x}{c}-\sin 2\pi\frac{x+e+vT}{c}\right.$$

$$\left.+\sin 2\pi\frac{x+e}{c}\right]$$

$$+\frac{bc}{2\pi}\left[-x\cos 2\pi\frac{x+vT}{c}-vT\cos 2\pi\frac{x+vT}{c}+x\cos 2\pi\frac{x}{c}\right.$$

$$+x\cos 2\pi\frac{x+vT}{c}-x\cos 2\pi\frac{x}{c}-vT\cos 2\pi\frac{x+e}{c}$$

$$+vT\cos 2\pi\frac{x+vT}{c}-vT\cos 2\pi\frac{x+e+vT}{c}$$

$$+vT\cos 2\pi\frac{x+e}{c}+x\cos 2\pi\frac{x+e+vT}{c}$$

$$+e\cos 2\pi\frac{x+e+vT}{c}+vT\cos 2\pi\frac{x+e+vT}{c}-x\cos 2\pi\frac{x+e}{c}$$

$$-e\cos 2\pi\frac{x+e}{c}-x\cos 2\pi\frac{x+e+vT}{c}+x\cos 2\pi\frac{x+e}{c}$$

$$\left.-e\cos 2\pi\frac{x+e+vT}{c}+e\cos 2\pi\frac{x+e}{c}\right]\Bigg\rangle_{I}$$

$$+\Bigg\langle a\left(\frac{e}{2\pi}\right)^2\left[\cos 2\pi\frac{x+vT-x}{e}-\cos 2\pi\frac{x-x}{e}\right.$$

$$\left.-\cos 2\pi\frac{x+e-x-vT}{e}+\cos 2\pi\frac{x+vT-x-vT}{e}\right.$$

19

$$+\cos 2\pi \frac{x+e-x}{e} - \cos 2\pi \frac{x+vT-x}{e}$$

$$-\cos 2\pi \frac{x+e+vT-x-vT}{e} + \cos 2\pi \frac{x+e-x-vT}{e} \Bigg]$$

$$+\frac{bc}{2(e-c)}\left(\frac{e}{2\pi}\right)^2 \Bigg[-\sin 2\pi \frac{ex-cx+evT-cvT+cx}{ce}$$

$$+\sin 2\pi \frac{ex-cx+cx}{ce} + \sin 2\pi \frac{ex-cx+e^2-ce+cx+cvT}{ce}$$

$$-\sin 2\pi \frac{ex-cx+evT-cvT+cx+cvT}{ce}$$

$$-\sin 2\pi \frac{ex-cx+e^2-ce+cx}{ce}$$

$$+\sin 2\pi \frac{ex-cx+evT-cvT+cx}{ce}$$

$$+\sin 2\pi \frac{ex-cx+e^2-ce+evT-cvT+cx+cvT}{ce}$$

$$-\sin 2\pi \frac{ex-cx+e^2-ce+cx+cvT}{ce} \Bigg]$$

$$+\frac{bc}{2(e+c)}\left(\frac{e}{2\pi}\right)^2 \Bigg[\sin 2\pi \frac{ex+cx+evT+cvT-cx}{ce}$$

$$-\sin 2\pi \frac{ex+cx-cx}{ce} - \sin 2\pi \frac{ex+cx+e^2+ce-cx-cvT}{ce}$$

$$+\sin 2\pi \frac{ex+cx+evT+cvT-cx-cvT}{ce}$$

$$+\sin 2\pi \frac{ex+cx+e^2+ce-cx}{ce} - \sin 2\pi \frac{ex+cx+evT+cvT-cx}{ce}$$

$$-\sin 2\pi \frac{ex+cx+e^2+ce+evT+cvT-cx-cvT}{ce}$$

$$+\sin 2\pi \frac{ex+cx+e^2+ce-cx-cvT}{ce} \Bigg] \Bigg\rangle_{II} \Bigg\}. \qquad (A26)$$

Durch das Zusammenfassen verschiedener Glieder dieser Gleichung entsteht der Ausdruck

$$g\left(x+\frac{vT+e}{2}\right) = \frac{1}{vT(e+vT)\left(1+\frac{e}{\pi vT}\sin\frac{\pi vT}{e}\right)}$$

$$\cdot \Bigg\{ \Bigg\langle aevT + b\left(\frac{c}{2\pi}\right)^2 \Bigg[-\sin 2\pi \frac{x}{c} + \sin 2\pi \frac{x+vT}{c} + \sin 2\pi \frac{x+e}{c}$$

$$-\sin 2\pi \frac{x+vT+e}{c}\Bigg] \Bigg\rangle_I$$

$$+ \left\langle \frac{bc}{2(e-c)} \left(\frac{e}{2\pi}\right)^2 \left[\sin 2\pi \frac{x}{c} - \sin 2\pi \frac{x+vT}{c} - \sin 2\pi \frac{x+e}{c} \right.\right.$$
$$\left.+ \sin 2\pi \frac{x+vT+e}{c} \right]$$
$$+ \frac{bc}{2(e+c)} \left(\frac{e}{2\pi}\right)^2 \left[-\sin 2\pi \frac{x}{c} + \sin 2\pi \frac{x+vT}{c} + \sin 2\pi \frac{x+e}{c} \right.$$
$$\left.\left.- \sin 2\pi \frac{x+vT+e}{c} \right]\right\rangle_{II} \Bigg\}. \tag{A27}$$

Die Gl. (A27) läßt sich durch eine Umformung entsprechend der Formel

$$\sin x - \sin y = 2 \cos \frac{x+y}{2} \sin \frac{x-y}{2}$$

in den Ausdruck

$$g\left(x + \frac{vT+e}{2}\right) = \frac{1}{vT(e+vT)\left(1 + \frac{e}{\pi vT}\sin \frac{\pi vT}{e}\right)}$$

$$\cdot \left\{ \left\langle aevT + b\left(\frac{c}{2\pi}\right)^2 \left[2\sin \pi \frac{vT}{c} \cos \pi \frac{2x+vT}{c} - 2\sin \pi \frac{vT}{c} \cos \pi \frac{2x+2e+vT}{c} \right] \right\rangle_I \right.$$
$$\left.+ \left\langle b\left(\frac{e}{2\pi}\right)^2 \frac{c^2}{c^2-e^2} \left[2\sin \pi \frac{vT}{c} \cos \pi \frac{2x+vT}{c} - 2\sin \pi \frac{vT}{c} \cos \pi \frac{2x+2e+vT}{c} \right] \right\rangle_{II} \right\}$$
$$\tag{A28}$$

überführen. Wird auf die Gl. (A28) die Formel

$$\cos x - \cos y = -2 \sin \frac{x+y}{2} \sin \frac{x-y}{2}$$

angewendet, so entsteht der Ausdruck

$$g\left(x + \frac{vT+e}{2}\right) = \frac{1}{(e+vT)\left(1 + \frac{e}{\pi vT}\sin \frac{\pi vT}{e}\right)}$$

$$\cdot \left\{ \left\langle ae + \frac{b}{vT}\left(\frac{c}{\pi}\right)^2 \sin \pi \frac{vT}{c} \sin \pi \frac{e}{c} \sin \pi \frac{2x+e+vT}{c} \right\rangle_I \right.$$
$$\left.+ \left\langle \frac{b}{vT}\left(\frac{c}{\pi}\right)^2 \frac{e^2}{c^2-e^2} \sin \pi \frac{vT}{c} \sin \pi \frac{e}{c} \sin \pi \frac{2x+e+vT}{c} \right\rangle_{II} \right\}. \tag{A29}$$

Zweckmäßig erfolgt hier der Übergang der Stückdichte $g\left(x + \frac{vT+e}{2}\right)$ der Beziehung (A29) auf die Stückdichte

$$g(x) = \frac{1}{(e+vT)\left(1 + \frac{e}{\pi vT}\sin \frac{\pi vT}{e}\right)} \left\{ \left\langle ae + \frac{b}{vT}\left(\frac{c}{\pi}\right)^2 \sin \frac{\pi vT}{c} \sin \frac{\pi e}{c} \sin \frac{2\pi x}{c} \right\rangle_I \right.$$

$$\left.+ \left\langle \frac{b}{vT}\left(\frac{c}{\pi}\right)^2 \frac{e^2}{c^2-e^2} \sin \frac{\pi vT}{c} \sin \frac{\pi e}{c} \sin \frac{2\pi x}{c} \right\rangle_{II} \right\}. \tag{A30}$$

Die Gleichung

$$g(x) = \frac{1}{(e+vT)\left(1+\dfrac{e}{\pi vT}\sin\dfrac{\pi vT}{e}\right)}$$

$$\cdot \left\{ae + \frac{b}{vT}\left(\frac{c}{\pi}\right)^2 \frac{1}{1-\left(\dfrac{e}{c}\right)^2} \sin\frac{\pi vT}{c} \sin\frac{\pi e}{c} \sin\frac{2\pi x}{c}\right\} \quad \text{[g/cm]} \qquad (A31)$$

stellt schließlich die Stückdichte im Fall A ($0 \leq vT \leq e$) nach der Zusammenfassung der Klammern I und II in der Gl. (A 30) dar. Im Fall B ($vT \geq e$) kann die Stückdichte unter Berücksichtigung der Gl. (21) in Zusammenhang mit den Gl. (B9) und (23) auf die Integralsumme

$$g\left(x+\frac{vT+e}{2}\right)$$

$$= \frac{1}{e+vT}\left\{\int_x^{x+e}\left[a+b\sin 2\pi\frac{u}{c}\right]\left[\frac{u-x}{e}-\frac{1}{2\pi}\sin 2\pi\frac{u-x}{e}\right]du\right.$$

$$+ \int_{x+e}^{x+vT}\left[a+b\sin 2\pi\frac{u}{c}\right]du$$

$$\left.+ \int_{x+vT}^{x+vT+e}\left[a+b\sin 2\pi\frac{u}{c}\right]\left[1-\frac{u-x-vT}{e}+\frac{1}{2\pi}\sin 2\pi\frac{u-x-vT}{e}\right]du\right\}$$

(B 24)

zurückgeführt werden.
Nach einem ähnlichen Rechenverlauf wie im Fall A entsteht als Ergebnis im Fall B die Stückdichte

$$g(x) = \frac{1}{(e+vT)}\left\{avT + \frac{b}{e}\left(\frac{c}{\pi}\right)^2 \frac{1}{1-\left(\dfrac{e}{c}\right)^2}\sin\frac{\pi vT}{c}\sin\frac{\pi e}{c}\sin\frac{2\pi x}{c}\right\} \quad \text{[g/cm]}. \quad (B31)$$

Eine weitere zur Berechnung der Längenvariationsfunktion notwendige Größe stellt die mittlere Stückdichte dar. Sie kann unter Umgehung der Gl. (22) auch direkt aus den Gl. (A 31) bzw. (B 31) abgelesen werden, wenn berücksichtigt wird, daß sie den von der Variablen x unabhängigen Summanden der Stückdichte $g(x)$ darstellt. Aus dieser Überlegung heraus erhält die mittlere Stückdichte den Wert

$$\bar{g} = \frac{ae}{(e+vT)\left(1+\dfrac{e}{\pi vT}\sin\dfrac{\pi vT}{e}\right)} \quad \text{[g/cm]} \qquad \text{für } 0 \leq vT \leq e \qquad (A32)$$

$$\bar{g} = \frac{avT}{e+vT} \qquad \text{[g/cm]} \qquad \text{für } vT \geq e \qquad (B32)$$

Die gleiche Überlegung gestattet es auch, bei der sich anschließenden Berechnung der Längenvariationsfunktion eine Zeile zu überspringen. Der in der Gl. (20) aufgeführte Ausdruck $g(x) - \bar{g}$ stellt nichts anderes als den von der Variablen x abhängenden Summanden der Stückdichte $g(x)$ dar. Unter Beachtung dieses Zusammenhanges läßt sich die Längenvariationsfunktion in der Form

$$CB = \lim_{l \to \infty} \frac{100}{ae} \sqrt{\frac{1}{l} \int_0^l \left[\frac{b}{vT} \left(\frac{c}{\pi} \right)^2 \frac{1}{1 - \left(\frac{e}{c} \right)^2} \sin \frac{\pi vT}{c} \sin \frac{\pi e}{c} \sin \frac{2\pi x}{c} \right]^2 dx} \quad [\%] \quad (33)$$

angeben. Dabei ist es belanglos, ob der Fall A oder der Fall B betrachtet wird, da der Variationskoeffizient in beiden Fällen dieselbe Form erhält. Der Ausdruck

$$CB = \lim_{l \to \infty} \left| \frac{100}{ae} \cdot \frac{b}{vT} \left(\frac{c}{\pi} \right)^2 \frac{1}{1 - \left(\frac{e}{c} \right)^2} \sin \frac{\pi e}{c} \sin \frac{\pi vT}{c} \right| \sqrt{\frac{1}{2l} \int_0^l \left[1 - \cos \frac{4\pi x}{c} \right] dx} \quad (34)$$

stellt eine für die Lösung des Integrals notwendige Umformung der Gl. (33) dar. Aus der Gl. (34) errechnet sich endlich die gesuchte Längenvariationsfunktion

$$CB = \frac{100}{\sqrt{2}} \cdot \frac{b}{a} \left| \frac{1}{1 - \left(\frac{e}{c} \right)^2} \cdot \frac{c}{\pi e} \sin \frac{\pi e}{c} \cdot \frac{c}{\pi vT} \sin \frac{\pi vT}{c} \right| \quad [\%] \quad (35)$$

Im Anschluß an dieses Ergebnis soll die Längenvariationsfunktion unter der Annahme berechnet werden, daß das abtastende Meßfeld einen rechteckförmigen Feldstärkeverlauf [Gl. (14)] aufweist. Wird das vorausgesetzt, nimmt die Gewichtung im Fall A ($0 \leq vT \leq e$) die Form der Gl. (A17) an. Daher läßt sich die Stückdichte unter Verwendung der Gl. (21) und (23) als die Integralsumme

$$g\left(x + \frac{vT + e}{2}\right) = \frac{1}{e + vT} \left\{ \int_x^{x+vT} \left[a + b \sin \frac{2\pi u}{c} \right] \frac{u - x}{vT} du \right.$$

$$\left. + \int_{x+vT}^{x+e} \left[a + b \sin \frac{2\pi u}{c} \right] du + \int_{x+e}^{x+e+vT} \left[a + b \sin \frac{2\pi u}{c} \right] \left[1 - \frac{u - x - e}{vT} \right] du \right\} \quad (A36)$$

angeben. Die einzelnen Glieder dieser Summe innerhalb der geschweiften Klammern treten auch in der Integralsumme (A24) auf, deren Lösung nach dem Übergang von $g\left(x + \frac{vT + e}{c}\right)$ auf $g(x)$ die Gl. (A30) darstellt. Die einzelnen Ausdrücke dieser Gleichung sind so angeordnet, daß in der Klammer I gleichzeitig die Lösung des Ausdruckes innerhalb der geschweiften Klammern der Gl. (A36) zusammengefaßt ist. Die Gl. (A36) hat daher die Lösung

$$g(x) = \frac{1}{e + vT} \left\{ ae + \frac{b}{vT} \left(\frac{c}{\pi} \right)^2 \sin \frac{\pi vT}{c} \sin \frac{\pi e}{c} \sin \frac{2\pi x}{c} \right\} \quad [\text{g/cm}]$$

$$\text{für } 0 \leq e \leq vT \quad (A37)$$

23

Nach einem ähnlichen Rechengang läßt sich auch im Fall B die Stückdichte

$$g(x) = \frac{1}{e+vT}\left\{avT + \frac{b}{e}\left(\frac{c}{\pi}\right)^2 \sin\frac{\pi vT}{c}\sin\frac{\pi e}{c}\sin\frac{2\pi x}{c}\right\} \text{ [g/cm]}$$
$$\text{für } vT \geqq e \qquad (B\,37)$$

berechnen. Die von der Variablen x unabhängigen Summanden der beiden Gl. (A 37) und (B 37) stellen jeweils die mittlere Stückdichte

$$\bar{g} = \frac{ae}{e+vT} \qquad \text{[g/cm]} \qquad \text{für } 0 \leqq e \leqq vT \qquad (A\,38)$$

$$\bar{g} = \frac{avT}{e+vT} \qquad \text{[g/cm]} \qquad \text{für } vT \geqq e \qquad (B\,38)$$

dar. Die Auswertung des Ausdruckes (20) unter Verwendung der Gl. (37) und (38) führt schließlich auf die Längenvariationsfunktion

$$CB = \frac{100}{\sqrt{2}} \cdot \frac{b}{a} \left| \frac{c}{\pi e}\sin\frac{\pi e}{c} \cdot \frac{c}{\pi vT}\sin\frac{\pi vT}{c} \right| \text{ [\%]} \qquad (39)$$

Auf eine Darstellung des genauen Rechenganges wird hier verzichtet, da dieser sich ähnlich abspielt wie der Rechengang zur Ermittlung der Längenvariationsfunktion einer sinusförmigen Materialdichteverteilung unter der Annahme eines cosinusförmigen Feldstärkeverlaufes des abtastenden Meßfeldes.
Wird in den Gl. (35) und (39) die Größe $e=0$ gesetzt, so ist das gleichbedeutend mit einer verschwindend kleinen Meßfeldlänge des Meßwertgebers. Die auf diese Weise zu errechnende Längenvariationsfunktion

$$CB = \frac{100}{\sqrt{2}} \cdot \frac{b}{a} \left| \frac{c}{\pi vT}\sin\frac{\pi vT}{c} \right| \text{ [\%]} \qquad (40)$$

entspricht der tatsächlichen Materialdichteverteilung des Prüfgutes ohne den bei der Abtastung mittels eines Meßwertgebers mit endlicher Meßfeldlänge entstehenden Vormittelungseffekt. Den gleichen Ausdruck – bis auf eine teilweise andere Benennung der einzelnen Größen – geben WEGENER und ROSEMANN innerhalb ihrer Arbeit [7] in der Gl. (5) an.

4.2 Die Berechnung der Längenvariationsfunktion einer rechteckförmigen Materialdichteverteilung des Prüfgutes

Bei der Berechnung der Längenvariationsfunktion einer rechteckförmigen Materialdichteverteilung eines Prüfgutes ist es zweckmäßig, die Funktion der Materialdichte einer Fourieranalyse zu unterwerfen. Eine Fourieranalyse besteht bekanntlich in der Annäherung einer gegebenen Funktion durch eine Summe von Sinus- und Cosinus-Funktionen, der sogenannten Fourierreihe. Andererseits ist der Längenvariationskoeffizient CB_Σ einer Funktion, die sich aus mehreren Einzelfunktionen zusammensetzt, mit den Längenvariationskoeffizienten CB_n dieser Einzelfunktionen nach WEGENER und ROSEMANN [8] durch die Beziehung

$$CB_\Sigma^2 = \sum CB_n^2 \qquad (41)$$

verknüpft. Wegen dieses Zusammenhanges ist es möglich, die Längenvariationsfunktion der in der Abb. 9 dargestellten rechteckförmigen Materialdichteverteilung auf einfache

Weise zu berechnen. Die Berechnung soll unter der Annahme erfolgen, daß das Prüfgut von einem Meßfeld mit cosinusförmigem Feldstärkeverlauf abgetastet wird. Die Fourierreihe

$$y(x) = a + \frac{4}{\pi} b \sum_{n=1}^{\infty} \frac{1}{2n-1} \sin(2n-1) 2\pi \frac{x}{c} \quad [\text{g/cm}] \quad (42)$$

der in der Abb. 9 dargestellten Funktion kann einer entsprechenden Tabelle (z. B. von BRONSTEIN und SEMENDJAJEW [21]) entnommen werden. Für jedes einzelne Glied dieser Reihe läßt sich die Längenvariationsfunktion mittels der Gl. (35) bestimmen. Aus den einzelnen Längenvariationsfunktionen entsteht unter Verwendung der Beziehung (41) die Längenvariationsfunktion der rechteckförmigen Materialdichteverteilung

$$CB = \frac{100}{\sqrt{2}} \cdot \frac{4}{\pi} \cdot \frac{b}{a}$$

$$\cdot \sqrt{\sum_{n=1}^{\infty} \left[\frac{1}{2n-1} \cdot \frac{1}{1 - \left(\frac{(2n-1)e}{c}\right)^2} \cdot \frac{c}{(2n-1)\pi e} \sin \frac{(2n-1)\pi e}{c} \cdot \frac{c}{(2n-1)\pi vT} \sin \frac{(2n-1)\pi vT}{c} \right]^2}$$

$$[\%], \quad (43)$$

wenn vorausgesetzt wird, daß das Prüfgut mittels eines Meßfeldes mit cosinusförmigem Feldstärkeverlauf abgetastet wird. Bei der Abtastung des Prüfgutes mittels eines Meßfeldes mit rechteckförmigem Feldstärkeverlauf (Abb. 5) vereinfacht sich der Ausdruck (43) zu der Beziehung

$$CB = \frac{100}{\sqrt{2}} \cdot \frac{4}{\pi} \cdot \frac{b}{a}$$

$$\cdot \sqrt{\sum_{n=1}^{\infty} \left[\frac{1}{2n-1} \cdot \frac{c}{(2n-1)\pi e} \sin \frac{(2n-1)\pi e}{c} \cdot \frac{c}{(2n-1)\pi vT} \sin \frac{(2n-1)\pi vT}{c} \right]^2}$$

$$[\%] \quad (44)$$

Ein Nullsetzen der Größe e in den Gl. (43) und (44) bedeutet ein Verkürzen der Meßfeldlänge des Meßwertgebers auf unendlich kleine Werte. Daher kann die Längenvariationsfunktion der rechteckförmigen Materialdichteverteilung ohne Vormittelung durch die Gleichung

$$CB = \frac{100}{\sqrt{2}} \cdot \frac{4}{\pi} \cdot \frac{b}{a} \cdot \sqrt{\sum_{n=1}^{\infty} \left[\frac{1}{2n-1} \cdot \frac{c}{(2n-1)\pi vT} \sin \frac{(2n-1)\pi vT}{c} \right]^2} \quad [\%] \quad (45)$$

wiedergegeben werden. Nach einer leichten Umformung läßt sich dieser Ausdruck in die von WEGENER und ROSEMANN in ihrer Arbeit [8] angegebene Gl. (16) überführen.

4.3 Zusammenstellung der Ergebnisse der Berechnungsbeispiele zur Bestimmung der Längenvariationsfunktion

Um die Ergebnisse der einzelnen Berechnungsbeispiele besser miteinander vergleichen zu können, sind die darin auftretenden Längenvariationsfunktionen in der folgenden

Aufstellung entsprechend der im Abschnitt 4 vorgenommenen Einteilung der Berechnungsfälle zusammengefaßt:

1)

a) $CB_{SC} = \dfrac{100}{\sqrt{2}} \cdot \dfrac{b}{a} \left| \dfrac{1}{1-\beta^2} \cdot \dfrac{\sin \pi\beta}{\pi\beta} \cdot \dfrac{\sin \pi\alpha}{\pi\alpha} \right|$ [%] (46)

b) $CB_{SR} = \dfrac{100}{\sqrt{2}} \cdot \dfrac{b}{a} \left| \dfrac{\sin \pi\beta}{\pi\beta} \cdot \dfrac{\sin \pi\alpha}{\pi\alpha} \right|$ [%] (47)

c) $CB_{SO} = \dfrac{100}{\sqrt{2}} \cdot \dfrac{b}{a} \left| \dfrac{\sin \pi\alpha}{\pi\alpha} \right|$ [%] (48)

2)

a) $CB_{RC} = \dfrac{100}{\sqrt{2}} \cdot \dfrac{4}{\pi} \cdot \dfrac{b}{a}$

$\cdot \sqrt{\sum\limits_{n=1}^{\infty} \left[\dfrac{1}{2n-1} \cdot \dfrac{1}{1-[(2n-1)\beta]^2} \cdot \dfrac{\sin(2n-1)\pi\beta}{(2n-1)\pi\beta} \cdot \dfrac{\sin(2n-1)\pi\alpha}{(2n-1)\pi\alpha} \right]^2}$ [%] (49)

b) $CB_{RR} = \dfrac{100}{\sqrt{2}} \cdot \dfrac{4}{\pi} \cdot \dfrac{b}{a} \sqrt{\sum\limits_{n=1}^{\infty} \left[\dfrac{1}{2n-1} \cdot \dfrac{\sin(2n-1)\pi\beta}{(2n-1)\pi\beta} \cdot \dfrac{\sin(2n-1)\pi\alpha}{(2n-1)\pi\alpha} \right]^2}$ [%] (50)

c) $CB_{RO} = \dfrac{100}{\sqrt{2}} \cdot \dfrac{4}{\pi} \cdot \dfrac{b}{a} \sqrt{\sum\limits_{n=1}^{\infty} \left[\dfrac{1}{2n-1} \cdot \dfrac{\sin(2n-1)\pi\alpha}{(2n-1)\pi\alpha} \right]^2}$ [%] (51)

Als Abkürzungen werden in dieser Aufstellung die Größen

$$\alpha = \dfrac{vT}{c} \quad (52)$$

und

$$\beta = \dfrac{e}{c} \quad (53)$$

verwendet. Von den Indizes, mit denen die Größe CB jeweils versehen ist, bezieht sich der erste auf das abgetastete Material und der zweite auf die Form des benutzten Meßfeldes. Speziell bedeuten

S = sinusförmig, R = rechteckförmig, C = cosinusförmig,

O = punktförmig (ideal, ohne Vormittelung).

5. Vergleich der berechneten Längenvariationsfunktionen mit verschiedenen durch Messung ermittelten Längenvariationsfunktionen

Um die Richtigkeit der Gl. (49)–(51) für die Längenvariationsfunktionen von Rechteckfunktionen zu überprüfen, wurden die Längenvariationsfunktionen von Bändern mit rechteckförmiger Materialdichteverteilung experimentell bestimmt. Auf die direkte experimentelle Überprüfung der Gl. (46)–(48) konnte verzichtet werden, da diese Gleichungen in den Ausdrücken (49)–(51) enthalten sind. Als Versuchsmaterial dienten drei Filmstreifen von je 0,8 cm Breite und etwa 1 m Länge. In diese Streifen waren mittels einer kleinen Stanzvorrichtung, deren Schneiden aus Stücken einer Rasierklinge bestanden, rechteckige Löcher mit den in der Abb. 12 angegebenen Abmessungen gestanzt worden. Die Herstellung erfolgte von Hand. Daher war es schwierig, vollkommene Gleichförmigkeit der Löcher und der Abstände zwischen den Löchern zu erreichen. Die Streifen wurden an ihren beiden Enden zusammengeklebt. Dadurch entstanden endlose Bänder. Um an der Klebestelle eine störende Massevergrößerung durch die Überlappung der Enden zu vermeiden, wurde das in der Abb. 10 dargestellte Verfahren verwendet. Die beiden Bandenden werden nach der in der Abb. 10 angegebenen Art beschnitten und zusammengeklebt. Die Länge der Überlappung der Bandenden soll der Länge der Stege zwischen den Löchern entsprechen. Nimmt die Breite der Löcher die Hälfte der gesamten Bandbreite ein, so weist die Klebestelle – abgesehen vom Klebstoff, der sehr dünn aufgetragen wird – die gleiche Masse auf wie die Stege zwischen den anderen Löchern.

Die Gl. (49)–(51) wurden hinsichtlich der verschiedenen Vormittelung bei der Verwendung von Meßwertgebern unterschiedlicher Meßfeldlänge überprüft. Zu diesem Zweck wurde das Band 3 (Abb. 11, Periodenlänge der Lochfolge $c = 1$ cm) mittels eines Längsfeldkondensators mit der effektiven Meßfeldlänge $e_{\text{eff}} = 0,1$ cm – entsprechend einer Einflußlänge von $e = 0,2$ cm – und mittels eines Querfeldkondensators mit der effektiven Meßfeldlänge $e_{\text{eff}} = 0,81$ cm – entsprechend einer Einflußlänge von $e = 0,81$ cm – abgetastet. Die Ermittlung der effektiven Meßfeldlängen erfolgte nach der im Abschnitt 2.2 angegebenen Methode. Das Ergebnis dieser Messungen ist zusammen mit der für die jeweilige Meßfeldlänge theoretisch gefundenen Längenvariationsfunktion in der Abb. 11 dargestellt. Vergleichsweise wurde die wahre Längenvariationsfunktion der Materialdichteverteilung des Bandes ohne Vormittelung mit eingezeichnet (die genaue Kennzeichnung der einzelnen Kurven kann der Abbildungsunterschrift zur Abb. 11 entnommen werden). Die Kurven der Abb. 11 sowie der Abb. 12 und 15 sind über der effektiven Abtastlänge $L = vT$ aufgetragen. Diese Definition der effektiven Abtastlänge weicht von der durch die Gl. (1) gegebenen Definition ab. Die Gründe für die Wahl der effektiven Abtastlänge $L = vT$ werden im Abschnitt 8 noch eingehend dargelegt.

Im Anschluß an diese Untersuchung wurden die drei Bänder (Periodenlänge der Lochfolge $c = 4$ cm, $c = 2$ cm und $c = 1$ cm) nacheinander von dem Querfeldkondensator mit der effektiven Meßfeldlänge $e_{\text{eff}} = 0,81$ cm abgetastet. Die Ergebnisse dieser Messungen sind in der Abb. 12 eingetragen. Außer der zu jeder Messung gehörenden theoretischen Kurve wurde für jedes Band die wahre Längenvariationsfunktion der Materialdichteverteilung ohne Vormittelung eingezeichnet (die genaue Kennzeichnung der einzelnen Kurven läßt sich der Abbildungsunterschrift der Abb. 12 entnehmen). Aus der Abbildung ist zu erkennen, daß ein bestimmter Variationskoeffizient bei einer desto größeren Abtastlänge auftritt, je größer die Periodenlänge der Lochfolge des betrachteten Bandes, d. h. je größer die Wellenlänge der Materialdichteschwankungen ist. Daneben wirkt sich der Vormittelungseffekt desto stärker aus, je mehr die Periodenlänge der Lochfolge in die Größenordnung der effektiven Meßfeldlänge des Kondensators gelangt.

Unter den gegebenen Umständen werden die theoretisch ermittelten Kurven gut durch die gemessenen Werte angenähert. Es ist hierbei zu berücksichtigen, daß durch die Herstellung der Bänder von Hand gewisse zusätzliche Ungleichmäßigkeiten entstehen, die sich besonders im Bereich größerer Abtastlängen störend bemerkbar machen. Aus diesen Gründen ist es auch unzweckmäßig, bei den Messungen Abtastlängen zu berücksichtigen, die die Periodenlänge der Lochfolge übersteigen. Die Versuche sind nicht als Eichungen der Meßkondensatoren anzusehen, sondern dienen lediglich dazu, die gefundenen Gleichungen zur Bestimmung der Längenvariationsfunktion von Rechteckfunktionen an Hand von Messungen zu überprüfen.

6. Diskussion der berechneten Längenvariationsfunktionen

In allen Gleichungen der im Abschnitt 4.3 wiedergegebenen Aufstellung der Berechnungsbeispiele zur Bestimmung der Längenvariationsfunktion tritt der Faktor $\frac{\sin(2n-1)\pi\alpha}{(2n-1)\pi\alpha}$ auf. Da jedoch in den Gl. (46)–(48) von einer oberwellenfreien sinusförmigen Materialdichteverteilung des Prüfgutes ausgegangen wird, ist die Ordnungszahl $n=1$ zu setzen. Hierdurch vereinfacht sich der Faktor $\frac{\sin(2n-1)\pi\alpha}{(2n-1)\alpha\pi}$ zu $\frac{\sin \pi\alpha}{\pi\alpha}$.

Die Größe α enthält gemäß der Gl. (52) die Abzugsgeschwindigkeit v und die Meßzeit T. Die Längenvariationsfunktion hängt jedoch außer vom Wert α auch von den durch die Form und die Länge des Meßfeldes bestimmten Größen ab. Da sich in der Größe β die Einflußlänge des Meßfeldes widerspiegelt, beziehen sich alle Faktoren, die die Größe β enthalten, auf die Konstruktion des Meßfeldes. Diese Faktoren bilden zusammen einen Vormittelungsfaktor, der sich bestimmen läßt, wenn die Meßzeit derart kurz gehalten wird, daß das Prüfgut während der Meßzeit nur um ein gegenüber der Meßfeldlänge sehr kleines Stück weiterläuft. In diesem Fall kann von einer vollkommen diskontinuierlichen Messung gesprochen werden, bei der die Abtastlänge allein von der Meßfeldlänge des verwendeten Meßwertgebers abhängt. Da in den Gl. (46) und (47) zur Bestimmung der Längenvariationsfunktionen einer sinusförmigen Materialdichteverteilung der Vormittelungsfaktor rein multiplikativ mit dem Faktor $\frac{\sin \pi\alpha}{\pi\alpha}$ verbunden ist, erscheint eine durch einen fest vorgegebenen Meßwertgeber verursachte Vormittelung für alle Werte α mit demselben Prozentsatz.

Treten in einem Prüfgut jedoch Materialdichteschwankungen unterschiedlicher Wellenlänge auf, so ist es nicht möglich, für alle Werte α einen festen Vormittelungsfaktor anzugeben. Als Beispiel hierfür lassen sich die Gl. (49) und (50) ansehen, die die Längenvariationsfunktionen einer rechteckförmigen Materialdichteverteilung bei Vormittelung durch ein Meßfeld mit cosinusförmigem bzw. rechteckförmigem Feldstärkeverlauf repräsentieren. Wie bereits erwähnt wurde, kann eine Rechteckfunktion nach Fourier in eine Reihe von Sinusfunktionen unterschiedlicher Wellenlänge zerlegt werden. Daher stellen die Gl. (49) und (50) die Längenvariationsfunktionen eines Prüfgutes mit Materialdichteschwankungen unterschiedlicher Wellenlänge dar. Das Quadrat der Längenvariationsfunktion setzt sich in diesem Fall aus einzelnen Summanden zusammen, in denen bei gleichem Wert β, bedingt durch die unterschiedlichen Ordnungszahlen n, voneinander verschiedene Vormittelungsfaktoren auftreten. Dadurch verändert sich der Anteil der einzelnen Vormittelungsfaktoren am gesamten Vormittelungsfaktor in Abhängigkeit von der Größe α. Im Gegensatz zu den Gegebenheiten bei einer oberwellenfreien sinusförmigen Materialdichteverteilung hängt der gesamte Vormittelungsfaktor also von der Abtastlänge ab.

7. Die maximal zulässige Meßfeldlänge eines Meßwertgebers bei der Abtastung eines Faserverbandes mit einer gegebenen mittleren Faserlänge

Die Vormittelungseffekte, die bei der Abtastung eines Garnes auftreten, sind schwer zu beurteilen, da die Materialschwankungen eines Garnes ein kontinuierliches Spektrum aufweisen. Deshalb soll noch ein Beispiel untersucht werden, welches das Verhalten eines Garnes bezüglich der Ungleichmäßigkeit besser beschreibt als einfache Sinusoder Rechteckfunktionen. Um den Einfluß der langwelligen gegenüber den kurzwelligen Schwankungen herauszuarbeiten, wird die Längenvariationsfunktion zweier einander überlagernder Sinusschwingungen unter der Annahme geeigneter Vormittelungen berechnet und gezeichnet. Die hierzu verwendete Funktion

$$y(x) = a + b_1 \sin 2\pi \frac{x}{c} + b_{12} \sin 24\pi \frac{x}{c} \quad [\text{g/cm}] \quad (54)$$

mit den Verhältnissen $\frac{b_1}{a} = \frac{1}{9}$ und $\frac{b_{12}}{a} = \frac{2}{9}$ ist in der Abb. 13 dargestellt. Der langwelligen Periode c überlagert sich die kurzwellige Periode $\frac{c}{12}$. Wird vorausgesetzt, daß die Funktion (54) von einem Meßfeld mit rechteckförmigem Feldstärkeverlauf abgetastet wird, erhält die Längenvariationsfunktion unter Berücksichtigung der Gl. (39) und (41) sowie unter Verwendung der Ausdrücke (52) und (53) die Form

$$CB = \frac{100}{\sqrt{2}} \sqrt{\left(\frac{b_1}{a} \cdot \frac{\sin \pi \beta}{\pi \beta} \cdot \frac{\sin \pi \alpha}{\pi \alpha}\right)^2 + \left(\frac{b_{12}}{a} \cdot \frac{\sin 12\pi \beta}{12\pi \beta} \cdot \frac{\sin 12\pi \alpha}{12\pi \alpha}\right)^2} \quad [\%]. \quad (55)$$

Die Längenvariationsfunktion ist für die Werte $\beta = 0$; $\beta = \frac{0{,}05}{12}$ und $\beta = 0{,}05$ im Bereich zwischen $\alpha = 0$ und $\alpha = 1$ berechnet worden und in der Abb. 14 dargestellt. An Hand dieser Abbildung läßt sich erkennen, daß die kurzperiodischen Schwankungen auf den Variationskoeffizienten im Bereich kurzer Abtastlängen einen relativ hohen Einfluß ausüben, der jedoch mit zunehmender Abtastlänge sehr schnell abklingt. Ferner dient die Abb. 14 zur Veranschaulichung der Vormittelung durch den Meßwertgeber. Beträgt die Meßfeldlänge des Meßwertgebers 5% der Wellenlänge der kurzperiodischen Schwankungen $\left(\beta = \dfrac{0,05}{12}\right)$, so ist die durch die Vormittelung verursachte Veränderung der Längenvariationskurve so gering (Abweichung maximal 0,3%, bezogen auf den totalen Variationskoeffizienten), daß die beiden Längenvariationskurven mit den Parametern $\beta = 0$ und $\beta = \dfrac{0,05}{12}$ innerhalb der Zeichengenauigkeit als eine einzige Kurve erscheinen. Wird die Meßfeldlänge auf 5% der Periodenlänge der langwelligen Schwankungen festgelegt ($\beta = 0,05$), so entspricht diese Größe einem Betrag von 60% der Periodenlänge der kurzwelligen Schwankungen. Die durch die Verwendung dieser Meßfeldlänge entstehende Vormittelung bedingt eine Verminderung des totalen Variationskoeffizienten gegenüber dem wahren Wert (für $\beta = 0$) um 36,6%. Mit zunehmender Abtastlänge sinkt der durch die Vormittelung verursachte Fehler jedoch sehr rasch ab. Die Abweichung von der wahren Längenvariationskurve liegt bereits innerhalb der Zeichengenauigkeit, wenn die Abtastlänge das Fünffache der Periodenlänge der kurzwelligen Schwankungen überschreitet. An Hand des dargelegten Beispiels läßt sich verallgemeinernd feststellen:

1. Wenn das zur Abtastung eines Prüfgutes verwendete Meßfeld in seiner Längsausdehnung wesentlich kleiner als die kürzeste in der Materialdichte auftretende Wellenlänge gewählt wird, ist eine ins Gewicht fallende Vormittelung nicht zu erwarten.

2. Wenn das zur Abtastung eines Prüfgutes verwendete Meßfeld in seiner Längsausdehnung in der Größenordnung der kürzesten in der Materialdichte auftretenden Wellenlänge liegt, erfährt die Längenvariationskurve im Bereich kurzer Abtastlängen unter Umständen eine beträchtliche Verflachung. Dieser Vormittelungseffekt geht jedoch für größere Abtastlängen schnell zurück, falls die Materialdichteschwankungen des Prüfgutes genügend starke langwellige Anteile aufweisen.

Um einen Eindruck davon zu geben, mit welcher Größe des Vormittelungsfaktors bei den verschiedenen Werten von β zu rechnen ist, sind die Vormittelungsfaktoren für fünf Werte von β ermittelt und in der Tabelle auf S. 31 zusammengestellt worden. Bei der Berechnung der Vormittelungsfaktoren wurde eine sinusförmige Materialdichteverteilung vorausgesetzt. Aus der Tabelle geht hervor, daß der durch die Vormittelung entstehende Fehler bei der Verwendung eines Meßfeldes mit rechteckförmigem Feldstärkeverlauf kleiner als 3% und bei der Verwendung eines Meßfeldes mit cosinusförmigem Feldstärkeverlauf kleiner als 2% des totalen Variationskoeffizienten ist, wenn die Einflußlänge des Meßwertgebers 10% der Wellenlänge der Materialdichteschwankungen beträgt. Aus diesem Sachverhalt folgt für die Praxis, daß die Einflußlänge des Meßwertgebers 10% der Wellenlänge der kurzperiodischen Materialdichteschwankungen nicht überschreiten sollte.

Bei einer zur Kontrolle dieser Überlegungen sowohl nach der kapazitiven als auch nach der gravimetrischen Methode durchgeführten Messung stellte sich jedoch heraus, daß die nach der kapazitiven Methode ermittelte Längenvariationskurve tatsächlich etwas höhere Werte annimmt als die nach der Methode des Schneidens und Wiegens gewonnene Längenvariationskurve. Es überlagert sich nämlich dem Vormittelungseffekt bei der kapazitiven Garnabtastung sowohl bei der Verwendung des Längsfeldkondensators als auch des Querfeldkondensators ein Nichtlinearitätseffekt, der eine Vergrößerung der Variationswerte bewirkt. Eine Folge des Nichtlinearitätseffektes sind unter anderem der Bändcheneffekt und der Lageeffekt. Wie nachgewiesen werden konnte

	Vormittelungsfaktor	
	rechteckförmiger Feldstärkeverlauf	cosinusförmiger Feldstärkeverlauf
β	$\dfrac{\sin \pi\beta}{\pi\beta}$	$\dfrac{1}{1-\beta^2} \cdot \dfrac{\sin \pi\beta}{\pi\beta}$
0	1,0000	1,0000
$\dfrac{1}{30}$	0,9979	0,9988
$\dfrac{1}{10}$	0,973	0,983
$\dfrac{1}{3}$	0,827	0,931
1	0,000	0,500

[9, 15, 17–20, 22–25], rührt der Nichtlinearitätseffekt daher, daß sich die Masse eines in einem Meßkondensator befindlichen Faserverbandes nicht exakt proportional zu der von dem Faserverband verursachten Kapazitätsänderung des Meßkondensators verhält.

In der Abb. 15 ist die Längenvariationskurve eines nach dem Deutsch-Französischen Kurzspinnverfahren hergestellten Wollkammgarnes Nm 40 (25 tex) unter verschiedenen Parametern wiedergegeben. Es sind die Ergebnisse von drei kapazitiven Messungen dem Ergebnis der gravimetrischen Methode gegenübergestellt. Die mit dem Querfeldkondensator des Uster-Gerätes ermittelte Kurve kommt der gravimetrisch bestimmten Kurve am nächsten. Es folgen der Längsfeldkondensator und der Querfeldkondensator des Textronographen. Diese Reihenfolge gilt jedoch nur im Bereich kurzer Abtastlängen. Übersteigt die Abtastlänge etwa 30 cm, so verringern sich die Unterschiede zwischen den Kurven so stark, daß sich die Vertrauensbereiche für eine statistische Sicherheit von $S = 95\%$ überschneiden. Trotz der aufgestellten Reihenfolge ist jedoch die Übereinstimmung der mit dem Querfeldkondensator des Uster-Gerätes und der mit dem Längsfeldkondensator des Textronographen gemessenen Längenvariationskurve einerseits und der gravimetrisch bestimmten Längenvariationskurve andererseits auch für kurze Abtastlängen als gut zu bezeichnen. Die mit dem Querfeldkondensator des Textronographen ermittelte Längenvariationskurve liegt demgegenüber im Bereich kurzer Abtastlängen zu hoch.

Aus der gegenseitigen Anordnung der vier Kurven in der Abb. 15 läßt sich noch ein weiterer Schluß ziehen. Die effektiven Meßfeldlängen der einzelnen verwendeten Kondensatoren wurden nach der im Abschnitt 2.2 angegebenen Methode ermittelt. Danach beträgt die effektive Meßfeldlänge des Längsfeldkondensators 0,5 cm, die effektive Meßfeldlänge des Uster-Querfeldkondensators 0,8 cm und die effektive Meßfeldlänge des Textronographen-Querfeldkondensators 1 cm. Spielte die Vormittelung durch die Kondensatoren bei der Abtastung des geprüften Garnes eine wesentliche Rolle, so müßte die Längenvariationskurve, die unter Verwendung der kürzesten effektiven Meßfeldlänge gewonnen wurde, die relativ höchsten Werte ergeben, während die unter Verwendung der größten effektiven Meßfeldlänge ermittelte Längenvariationskurve die relativ niedrigsten Werte aufweisen müßte. Tatsächlich ist dieser Zusammenhang jedoch nicht gegeben. Das läßt darauf schließen, daß in bezug auf das Wellenlängenspektrum der Materialdichteschwankungen des gemessenen Garnes die Vormittelung durch Meßkondensatoren mit einer effektiven Meßfeldlänge von 1 cm und darunter so gering ist, daß sie von den anderen erwähnten Effekten (Lageeffekt usw.) vollständig überdeckt wird. Sie kann daher vernachlässigt werden. Zu diesem Ergebnis kommt auch LOCHER [18].

8. Eine neue Definition der effektiven Abtastlänge

Schwierigkeiten bei der Aufstellung einer Längenvariationsfunktion bereitet die Definition der effektiven Abtastlänge. In der Gleichung $L = \dfrac{F_G}{G_{\max}}$ (1) wird die effektive Abtastlänge L definiert als die Länge, die ein Rechteck einnimmt, dessen Fläche der Fläche F_G unter der Gewichtungsfunktion und dessen Höhe der Größe der maximalen Gewichtung $G_{\max}$ entsprechen. Eine andere Möglichkeit einer Definition bestünde darin, als die effektive Abtastlänge die Länge zu bezeichnen, bei der die Größe der Gewichtungsfunktion jeweils noch die Hälfte des Maximalwertes aufweist. Unter der meistens zutreffenden Voraussetzung, daß das verwendete Meßfeld in seiner Längsausdehnung symmetrisch aufgebaut ist, sind die beiden vorgenannten Definitionen identisch. In einigen Arbeiten [15, 16, 26] ist als effektive Abtastlänge die Größe

$$L = e_{\text{eff}} + vT \qquad [\text{cm}] \qquad (56)$$

verwendet worden. In dieser Gleichung bedeuten e_{eff} [cm] die effektive Meßfeldlänge und vT [cm] die Meßstrecke, die von einem Prüfgut während der Meßzeit T [s] mit der Geschwindigkeit v [cm/s] durchlaufen wird. Eine Reihe weiterer Definitionen ist denkbar. Es wäre jedoch vorteilhaft, eine Definition zu finden, die sicherstellt, daß bei der Verwendung zweier Meßwertgeber mit beliebig geformten Meßfeldern die Messung eines Prüfgutes denselben Wert für den Variationskoeffizienten liefert, solange im Sinne dieser Definition die gleiche effektive Abtastlänge berechnet wird.

In der Abb. 16 ist die unter verschiedenen Voraussetzungen zu erwartende Längenvariationsfunktion einer sinusförmigen Materialdichteverteilung – entsprechend der Gl. (23) und dargestellt in der Abb. 8 – mit einer Periodenlänge von $c = 1$ cm und dem Verhältnis $\dfrac{b}{a} = \dfrac{1}{3}$ aufgetragen. Die Kurve ohne Punktemarkierungen stellt die wahre Längenvariationsfunktion ohne Vormittelung dar. Die Quadrate bzw. die Kreise kennzeichnen die Kurven, die unter der Annahme berechnet wurden, daß das abtastende Meßfeld einen rechteckförmigen bzw. einen cosinusförmigen Feldstärkeverlauf aufweist. Die effektive Meßfeldlänge wird jeweils mit 0,5 cm vorausgesetzt. Die zu einem bestimmten Wert der Längenvariationsfunktion gehörende effektive Abtastlänge L läßt sich unter der Annahme verschiedener Definitionen der effektiven Abtastlänge berechnen. Die Berechnung der effektiven Abtastlängen, die den strichlinierten Kurven zugrunde liegen, erfolgte an Hand der Gl. (13) bzw. (19), die beide auf der Definition $L = \dfrac{F_G}{G_{\max}}$ (1) basieren. Im Bereich kurzer Längen bewirkt die Darstellung entsprechend dieser Definition eine starke Verzerrung der Längenvariationsfunktion gegenüber der wahren Längenvariationskurve ohne Vormittelung. Bei der Verwendung der bisher üblichen Definition $L = e_{\text{eff}} + vT$ (56) zur Berechnung der effektiven Abtastlänge entstehen die strichpunktierten Kurven der Abb. 16, die gegenüber der wahren Längenvariationskurve zu größeren Abtastlängen hin verschoben sind. Da sich auch die Nullstellen der Funktion verschieben, ist diese Darstellung der Längenvariationsfunktion unvorteilhaft. Die durchgezogenen Kurven, die übrigens die beste Annäherung an die wahre Kurve darstellen, beziehen sich auf eine Definition der effektiven Abtastlänge ohne die Berücksichtigung der effektiven Meßfeldlänge des Meßwertgebers. Bei dieser Definition wird als Abtastlänge einfach die Länge bezeichnet, die ein sich bewegendes Prüfgut während der Abtastzeit durchläuft ($L = vT$). Die Form und die Länge des zur Abtastung verwendeten Meßfeldes werden nur in den Versuchsbedingungen, ähnlich wie z. B. Klimaverhältnisse, mit angegeben. Auf diese Definition führt die Erkenntnis, daß es, bedingt durch die Art der Meßwerterstellung mittels der Auswertanlage Aachen, durch keine noch so geschickte Definition der effektiven Abtastlänge möglich ist, den Einfluß der unterschiedlichen Vormittelung auf Grund der verschiedenen Meßwertgeber zu kompensieren. Aus der Abb. 16 geht nämlich hervor, daß die unterschiedlichen Formen der beiden Meßfelder neben eventuellen Verschiebungen oder Verformungen der Längenvariationsfunktion in Richtung der Abszisse vor allen Dingen die Werte der Längenvariationsfunktion in ihrer Höhe beeinflussen. Die Werte der Längenvariationsfunktion können in ihrer Höhe jedoch nicht durch eine Maßstabstransformation der Abszisse, wie sie eine Änderung der Definition der effektiven Abtastlänge darstellt, korrigiert werden. Der Einfluß der Vormittelung auf die Werte der Längenvariationsfunktion läßt sich allerdings verringern, indem die Meßfeldlänge sehr kurz gewählt wird im Vergleich zu den Wellenlängen, die im Wellenlängenspektrum der Materialdichteschwankungen des Prüfgutes vorkommen. Auf diese Möglichkeit weist auch LOCHER [18] hin.

9. Feuchtigkeitsempfindlichkeit von Längs- und Querfeldkondensatoren

Wie aus einer Reihe von Veröffentlichungen [18, 24, 25, 27] hervorgeht, hängt das Meßergebnis bei der kapazitiven Bestimmung der Masse eines Faserverbandes unter anderem von der Luftfeuchtigkeit und von der Faserfeuchtigkeit ab. Um einen Vergleich der Feuchtigkeitsabhängigkeiten der Meßergebnisse bei der Benutzung eines Querfeldkondensators einerseits und eines Längsfeldkondensators andererseits zu ermöglichen, wurden die notwendigen Versuche in einer Klimakammer durchgeführt. Die Untersuchungen erfolgten an einem Querfeldkondensator (Schlitz Nr. 7 des Meßkammes des Gleichmäßigkeitsprüfgerätes Uster) der Firma Zellweger, Uster, sowie an einem Querfeldkondensator und an einem Längsfeldkondensator des Gleichmäßigkeitsprüfgerätes Textronograph der Firma Haase-Deyerling, Negenborn. Als Versuchsmaterial fanden ein Wollkammgarn Nm 60 (16,7 tex) und eine Perlonborste, Durchmesser 0,2 mm, Verwendung.

Da im Rahmen dieser Arbeit hinsichtlich des Feuchtigkeitsverhaltens nur ein Vergleich zwischen den beiden Kondensatorarten Längsfeldkondensator und Querfeldkondensator stattfindet, wurde von der Bestimmung der Faserfeuchtigkeit abgesehen. Wenn während der Messungen mit den einzelnen Kondensatoren die Veränderung der Luftfeuchtigkeit stets nach demselben Schema vorgenommen wird, ändert sich auch während der einzelnen Messungen die Faserfeuchtigkeit jedesmal in derselben Weise.

9.1 Definition der Feuchtigkeitsempfindlichkeit

Die Feuchtigkeitsempfindlichkeit F ist definiert als die prozentuale Änderung eines Meßwertes bei 1% Luftfeuchtigkeitsänderung, bezogen auf diesen Meßwert bei Normalklima (65% Luftfeuchtigkeit, 20°C). Wie LOCHER [18], HEARLE [25] und FOSTER [27] feststellten, ist die Feuchtigkeitsempfindlichkeit eines Meßkondensators keine konstante Größe, sondern hängt zu einem Teil von dem zur Messung verwendeten Prüfgut und dessen Feinheit, zu einem anderen Teil auch von der Schlitzbreite des Meßkondensators selbst ab. Daher geschah einerseits die Wahl der zur Messung herangezogenen Materialien [Wollkammgarn Nm 60 (16,7 tex) und Perlon, Durchmesser 0,2 mm] derart, daß sich bei sonst gleichen Bedingungen etwa gleich große Meßwerte für die Masse ergaben. Andererseits wurden zur Messung Kondensatoren mit solchen Schlitzbreiten verwendet, wie sie jeweils von den Herstellern für die angegebenen Garnfeinheiten empfohlen werden.

Jeder Meßkondensator besitzt jedoch noch eine Feuchtigkeitsempfindlichkeit, die nicht die Größe der Anzeige der Masse eines einliegenden Prüfgutes beeinflußt, sondern bewirkt, daß sich bei einer Luftfeuchtigkeitsänderung der Nullpunkt der Meßeinrichtung verschiebt. Um diese Nullpunktverschiebung richtig beurteilen zu können, muß sie in ein Verhältnis zu den Meßwerten bei einliegendem Prüfgut gesetzt werden. Daher ist die Feuchtigkeitsempfindlichkeit F_0 der leeren Meßkondensatoren definiert als die prozentuale Nullpunktverschiebung bei 1% Luftfeuchtigkeitsänderung, bezogen auf den Meßwert eines bei Normalklima unter sonst gleichen Verhältnissen einliegenden Prüfgutes.

9.2 Versuchsdurchführung zur Ermittlung der Feuchtigkeitsempfindlichkeit von Meßkondensatoren

Die Versuche zur Ermittlung der Feuchtigkeitsempfindlichkeit der Meßkondensatoren gingen wie folgt vonstatten: In jeder Versuchsreihe wurde die Luftfeuchtigkeit in den Stufen 45, 55, 65, 75 und 80% sowie in denselben Stufen in umgekehrter Reihenfolge nacheinander eingestellt. Als Meßpunkte fanden jedoch nur die Stufen 55, 65 und 75% Luftfeuchtigkeit Verwendung. Die Stufen 45 und 80% wurden hinzugenommen, um in den eigentlichen Meßpunkten die Richtung steigender oder fallender Feuchtigkeit eindeutig festlegen zu können. Die Feuchtigkeit einer Faser ist nicht eindeutig, sondern in Form einer Hystereseschleife von der Luftfeuchtigkeit abhängig [28]. Es ist demnach für die Größe der Faserfeuchtigkeit nicht gleichgültig, ob ein bestimmter Wert der Luftfeuchtigkeit in steigender oder in fallender Tendenz durchlaufen wird. Um jedoch für jeden Versuch die gleichen Bedingungen zu gewährleisten, wurde die Einstellung der verschiedenen Luftfeuchtigkeiten stets nach demselben Schema vorgenommen.

Die einzelnen Versuchsreihen begannen jedesmal bei 45% Luftfeuchtigkeit. Nach einer Akklimatisierungszeit von 18 Stunden geschah die Einstellung einer Luftfeuchtigkeit von 55%. In einem Abstand von jeweils zwei Stunden wurden anschließend der Reihenfolge nach die übrigen Feuchtigkeitsstufen eingestellt. Kurz vor dem Weiterstellen erfolgte jedesmal das Ablesen der interessierenden Meßwerte. Die höchste Luftfeuchtigkeit von 80% blieb wiederum 18 Stunden lang erhalten. Danach wurde die Luftfeuchtigkeit in gleichen zeitlichen Abständen in den angegebenen Stufen wieder zurückgenommen. Während der fünffachen Wiederholung dieses Zyklus wurde der zur Messung benutzte Faden nicht ausgewechselt. Ebenso unterblieb ein Nachstellen des Nullpunktes.

Die für die Messung der Feuchtigkeitsempfindlichkeit der Meßkondensatoren notwendige Einstellung des Nullpunktes weicht von der bei normalen Ungleichmäßigkeitsmessungen üblichen Einstellung ab. Diese Notwendigkeit ist auf den Umstand zurückzuführen, daß durch die Art der Meßwertumwandlung innerhalb der Verstärker des Uster-Gerätes und des Textronographen je nach der Lage des Brückenabgleiches in einem Teil des Meßbereiches ein nichtlinearer Zusammenhang zwischen der Kapazität des Meßkondensators und der Meßanzeige entstehen kann. Diese Verhältnisse sind in der Abb. 17 veranschaulicht. Bei einer normalen Messung fällt der Abgleichpunkt A, in dem eine Meßbrücke bei leerem Meßkondensator (Kapazität C_0) abgeglichen ist, mit dem Nullpunkt der Anzeigeskala zusammen (Anzeigekennlinie 1). Die Meßbrücke ist nun derart geschaltet, daß sie nur den Betrag einer Kapazitätsänderung des Meßkondensators, z. B. durch Einlegen eines Prüfgutes oder durch Feuchtigkeitseinflüsse, nicht jedoch das Vorzeichen dieser Änderung registrieren kann. Falls sich nun durch Feuchtigkeitseinflüsse der Abgleichpunkt in Richtung des Punktes A' (Kennlinie 2 der Abb. 17) verschiebt, tritt beim Einlegen eines Prüfgutes zunächst ein Rückgang der Anzeige ein. Erst nach dem Überschreiten des neuen Abgleichpunktes A' nimmt die Anzeige wieder zu. Um diesen Effekt zu vermeiden, wurde der Abgleichpunkt an die Stelle A'' (Kennlinie 3 der Abb. 17) verlegt. In diesem Fall bleibt auch bei einer geringen Verschiebung des Abgleichpunktes durch Feuchtigkeitseinflüsse der Kennlinienknick außerhalb des zur Messung benötigten Bereiches der Kennlinie.

Aus dem Diagramm der Abb. 18 kann der Gang einer Messung abgelesen werden. Bei einer bestimmten Luftfeuchtigkeit wird der Abgleichpunkt A eingestellt. Diese Einstellung läßt sich vornehmen, indem eine dünne Faser in den Kompensationskondensator eingelegt wird. Nach dem Abgleich ist die Faser wieder herauszunehmen. Der Zeiger des Anzeigeinstrumentes springt dann auf den Skalenpunkt B_0. Dieser Wert ist zu notieren. Nach dem Einlegen des Prüfgutes (Erhöhung der Kondensatorkapazität auf den Betrag C_P) springt der Zeiger zum Skalenpunkt B_P. Dieser Wert wird ebenfalls notiert. Es soll für dieses Beispiel angenommen werden, daß sich bei einer bestimmten Erhöhung der Luftfeuchtigkeit der Abgleichpunkt vom Punkt A zum Punkt A' verlagert und die Kondensatorkapazität sich durch Feuchtigkeitsaufnahme des Prüfgutes auf den Wert C'_P vergrößert. Die Nullpunktanzeige verschiebt sich durch diese Veränderungen zum Skalenpunkt B'_0. Bei einliegendem Prüfgut wandert der Zeiger vom Skalenpunkt B_P zum Skalenpunkt B'_P. Unter Berücksichtigung der Nullpunktverschiebung um den Betrag $B'_0 - B_0$ erreicht die Änderung des Meßwertes bei einliegendem Prüfgut jedoch nur die Größe $(B'_P - B_P) - (B'_0 - B_0) = (B'_P - B'_0) - (B_P - B_0)$.

Im folgenden erhält der Anzeigewert des Prüfgutes unter Berücksichtigung der Nullpunktanzeige den Buchstaben G [Skt]. Ein an den Buchstaben angehängter Index (z. B. G_{55}) bezeichnet die Luftfeuchtigkeit in %, bei der die Messung vorgenommen wurde. Die Feuchtigkeitsempfindlichkeit F läßt sich entsprechend der Definition nach der Gleichung

$$F = \frac{G_{75} - G_{55}}{G_{65}} \cdot \frac{100}{75 - 55} \, [\%] = \frac{G_{75} - G_{55}}{G_{65}} \cdot 5 \, [\%] \tag{57}$$

berechnen. Wird die Anzeige G in Abhängigkeit von der Luftfeuchtigkeit aufgetragen, so ist der Anstieg der Tangente an diese Kurve für eine Luftfeuchtigkeit von 65% näherungsweise gleich dem Anstieg der Verbindungsgeraden der beiden Punkte der

Funktion für 55 und 75% Luftfeuchtigkeit. Von dieser Voraussetzung muß bei der Verwendung der Gl. (57) ausgegangen werden. Da die Feuchtigkeitsempfindlichkeit F im wesentlichen nur zu Vergleichszwecken zwischen den verschiedenen Kondensatoren herangezogen wird, ist der durch die Näherung entstehende Fehler zu vernachlässigen. Die Feuchtigkeitsempfindlichkeit F_0 bezüglich der Nullpunktverschiebung läßt sich nach der Gleichung

$$F_0 = \frac{B_{0\,75} - B_{0\,55}}{G_{65}} \cdot 5 \ [\%] \tag{58}$$

berechnen. Die Höhe der Säulen im Diagramm der Abb. 19 stellt jeweils den Mittelwert aus fünf Versuchsreihen dar, in denen die Luftfeuchtigkeit jedesmal in steigender und fallender Richtung verändert wurde.

9.3 Ergebnisse der Feuchtigkeitsuntersuchungen

Aus dem Diagramm der Abb. 19 läßt sich ablesen, daß die Feuchtigkeitsempfindlichkeit F der beiden Querfeldkondensatoren bezüglich der Materialien Wolle und Perlon etwa gleich groß sind (Säulen UQ_w und UQ_p sowie TQ_w und TQ_p). Dagegen nimmt die Feuchtigkeitsempfindlichkeit des Längsfeldkondensators (Säulen TL_w und TL_p) etwa die fünffachen Werte der Feuchtigkeitsempfindlichkeit der Querfeldkondensatoren an. Vergleichsweise beträgt die gravimetrisch ermittelte, auf 1% Luftfeuchtigkeitsänderung bezogene prozentuale Änderung der Faserfeuchtigkeit F_G bei 65% relativer Luftfeuchtigkeit und einer Temperatur von 25°C nach SOMMER [28] für Wolle etwa 0,18% (Säule GM_w) und für Perlon etwa 0,06% (Säule GM_p). Die hohe Feuchtigkeitsempfindlichkeit des Längsfeldkondensators ist, bedingt durch das Meßprinzip, vermutlich darauf zurückzuführen, daß hier der Kondensatorfüllfaktor wesentlich höher liegt als bei einem Querfeldkondensator. Der Kondensatorfüllfaktor ist definiert als das Verhältnis der Länge der elektrischen Feldlinien innerhalb des Dielektrikums des Faserverbandes zur Gesamtlänge der elektrischen Feldlinien zwischen den beiden Kondensatorplatten. Wie aus den Prinzipskizzen der Abb. 20 ersichtlich ist, verläuft das elektrische Feld im Längsfeldkondensator fast in seiner gesamten Länge durch den Faserverband, während es im Querfeldkondensator den Faserverband nur auf einem kleinen Teil seiner Länge durchsetzt. Außerdem läßt sich beim Querfeldkondensator der Füllfaktor durch eine Veränderung des Plattenabstandes variieren. Diese Möglichkeit wird beim Längsfeldkondensator durch dessen Meßprinzip unterbunden. Wie aus verschiedenen Arbeiten [18, 24, 25] bekannt ist, wirken sich Feuchtigkeitsschwankungen eines Faserverbandes auf das Meßergebnis desto stärker aus, je höher der Kondensatorfüllfaktor liegt.

Da Wasser eine wesentlich höhere Dielektrizitätskonstante als jedes Fasermaterial aufweist, macht sich eine Änderung des Feuchtigkeitsgehaltes der Fasern oder eine Änderung der Dielektrizitätskonstanten des Wassers in einer Änderung der Dielektrizitätskonstanten des feuchten Fasermaterials bemerkbar. Die Messung der Fasermasse auf kapazitiver Grundlage wird von der Dielektrizitätskonstanten der Fasern beeinflußt. Daher ist bei einer Änderung des Feuchtigkeitsgehaltes und der Dielektrizitätskonstanten der Fasern eine Beeinflussung der Meßanzeige zu erwarten. Wie HEARLE [25] nachweisen konnte, nimmt die Dielektrizitätskonstante von Fasern mit einem bestimmten Feuchtigkeitsgehalt bei steigender Meßfrequenz ab. Diese Abhängigkeit ist desto stärker, je mehr Feuchtigkeit eine Faser aufgenommen hat. Der Textronograph arbeitet mit einer Meßfrequenz von $f_m = 100$ kHz, die Meßfrequenz des Uster-Gerätes liegt dagegen bei 25 MHz. Es könnte vermutet werden, daß die Gründe für die großen

Unterschiede in der Feuchtigkeitsempfindlichkeit des Querfeldkondensators des Uster-Gerätes und des Längsfeldkondensators des Textronographen in der unterschiedlichen Höhe der Meßfrequenz zu suchen seien. Diese Vermutung bestätigt sich jedoch nicht. Versuche von HEARLE [25] zeigen nämlich, daß der stärkste Abfall der Dielektrizitätskonstanten aller von ihm untersuchten Fasern im Frequenzbereich zwischen 0,1 kKz und 10 kHz liegt und daß die Dielektrizitätskonstante im darüber liegenden Frequenzbereich relativ konstant bleibt. Außerdem wurde von uns als Vergleich zu den Versuchen mit dem Längsfeldkondensator auch ein Querfeldkondensator zusammen mit dem Textronographen, also mit einer Meßfrequenz von $f_w = 100$ kHz, betrieben (Abb. 19, Säulen TQ_w und TQ_p). Da bei diesem Versuch im Vergleich zu dem Querfeldkondensator des Uster-Gerätes keine erhöhte Feuchtigkeitsempfindlichkeit des Querfeldkondensators des Textronographen nachgewiesen werden konnte, scheidet die Höhe der Meßfrequenz in dem fraglichen Bereich (100 kHz bis 25 MHz) als wesentlicher Einflußfaktor auf die Feuchtigkeitsempfindlichkeit aus.

An Hand dieses Vergleichsversuches kann gleichzeitig auch die Frage beantwortet werden, ob nicht die Meßverstärker des Uster-Gerätes und des Textronographen eine unterschiedliche Feuchtigkeitsempfindlichkeit besitzen und dadurch der Unterschied in der Feuchtigkeitsempfindlichkeit der Meßkondensatoren nur vorgetäuscht wird. Da aber einerseits ein Längsfeldkondensator und ein Querfeldkondensator jeweils mit dem Textronographen betrieben wurden und andererseits der Querfeldkondensator des Textronographen und der Querfeldkondensator des Uster-Gerätes etwa dieselbe Feuchtigkeitsempfindlichkeit zeigen, ist eine Beeinflussung der Messungen durch die beiden Meßverstärker auszuschließen. Die Säule TL_0 der Abb. 19 stellt die Feuchtigkeitsempfindlichkeit F_0 des Längsfeldkondensators bezüglich der Nullpunktverschiebung dar. Die Nullpunktverschiebung bei der Messung mit dem Längsfeldkondensator hängt wesentlich stärker von der Luftfeuchtigkeit ab als bei der Messung mit den Querfeldkondensatoren (Säulen UQ_0 und TQ_0). Dieses Verhalten ist jedoch nicht als eine typische Erscheinung der Längsfeldkondensatoren anzusehen. Durch eine konstruktive Verbesserung der Symmetrieverhältnisse zwischen dem eigentlichen Meßkondensator und dem Kompensationskondensator müßte eine weitgehende Stabilisierung des Nullpunktes möglich sein.

10. Zusammenfassung

Zunächst werden verschiedene Möglichkeiten zur experimentellen Bestimmung der Meßfeldlänge von Meßwertgebern aufgezeigt. Um die unterschiedliche Auswirkung von Meßwertgebern mit verschiedenen Meßfeldformen und Meßfeldlängen auf die Ermittlung der Längenvariationsfunktion beurteilen zu können, erfolgt die Berechnung von Längenvariationsfunktionen unter verschiedenen angenommenen Bedingungen. Die Richtigkeit der gefundenen Gleichungen wird an Hand von Messungen überprüft und bestätigt. Es schließt sich eine Untersuchung der maximal zulässigen Meßfeldlänge eines Meßwertgebers bei der Abtastung eines gegebenen Faserverbandes an. Diese Untersuchung wird durch Ungleichmäßigkeitsmessungen an einem Kammgarn unter Verwendung verschiedener kapazitiver Meßmethoden und der gravimetrischen Meßmethode ergänzt. Die zur Darstellung der Ungleichmäßigkeit eines Faserverbandes verwendete Längenvariationsfunktion ist abhängig von der effektiven Abtastlänge, die bei der Bewegung des Prüfgutes durch den Meßwertgeber entsteht. Da die bisher gebräuchliche Definition der Abtastlänge gewisse Unzulänglichkeiten aufweist, wird die Abtastlänge neu definiert. Bei einer die Arbeit abschließenden vergleichenden Untersuchung der Feuchtigkeitsempfindlichkeit von Längs- und Querfeldkondensatoren ergibt sich, daß die Längsfeldkondensatoren, bedingt durch ihr Meßprinzip, eine wesentlich höhere Feuchtigkeitsempfindlichkeit aufweisen als die Querfeldkondensatoren. Die Verfasser danken Herrn Dr.-Ing. G. EGBERS für die Mitarbeit.

11. Literaturverzeichnis

[1] WEGENER, W., und E. G. HOTH, Die Darstellung der Ungleichmäßigkeit eines Faserverbandes. Melliand Textilber. 41 (1960), 10–15.
[2] WEGENER, W., und E. G. HOTH, Die Berechnung der idealen Längenvariationsfunktion. Melliand Textilber. 43 (1962), 1260–1263.
[3] WEGENER, W., und E. G. HOTH, Die Überlagerungsmethode zur Bestimmung der idealen Längenvariationsfunktion. Melliand Textilber. 44 (1963), 237–246.
[4] WEGENER, W., und E. G. HOTH, Umrechnungen zwischen der Spektrumsfunktion und der Längenvariationsfunktion. Melliand Textilber. 45 (1964), 611–614, 735–739, 863–867.
[5] WEGENER, W., und W. ROSEMANN, Die statistische und geometrisch-analytische Definition der Längenvariationskurve. Melliand Textilber. 38 (1957), 1340–1345.
[6] WEGENER, W., und W. ROSEMANN, Das Verhalten der Längenvariationskurve für kleinere Integrationslängen. Melliand Textilber. 39 (1958), 368–375.
[7] WEGENER, W., und W. ROSEMANN, Beispiele für Längenvariationskurven bei einfachen Materialdichten. Melliand Textilber. 39 (1958), 844–852.
[8] WEGENER, W., und W. ROSEMANN, Berechnung der Längenvariationskurven mit Hilfe der Fourier-Reihen. Melliand Textilber. 40 (1959), 242–245, 371–376.
[9] WEGENER, W., Aufstellung und Vergleich von Variance-within- und Variance-between-Kurven von Garnen, die nach verschiedenen Spinnverfahren hergestellt werden. Forschungsbericht des Wirtschafts- und Verkehrsministeriums Nordrhein-Westfalen Nr. 632, Westdeutscher Verlag, Köln und Opladen 1958.
[10] WEGENER, W., Die Streckwerke der Spinnereimaschinen. Springer-Verlag, Berlin/Heidelberg/New York 1965.
[11] WEGENER, W., und H. PEUKER, Die $CB(L)$-Längenvariation. Textil-Praxis 12 (1957), 980–992.
[12] WEGENER, W., und H. PEUKER, Beziehung zwischen dem Warenbild, der $CB(L)$- und der $CB(F)$-Charakteristik. Textil-Praxis 13 (1958), 261–267, 365–371.
[13] WEGENER, W., und W. ZAHN, Prüfapparate und Methoden zur Ermittlung der Garnungleichmäßigkeit. Textil-Praxis 9 (1954), 21–25, 134–141.
[14] WEGENER, W., und H. PEUKER, Methoden und Geräte zur Ermittlung von Punkten der Längenvariationskurve $CB(L)$. Textil-Praxis 12 (1957), 1183–1191.
[15] WEGENER, W., und H. PEUKER, Die Ermittlung von Punkten der $CB(L)$-Kurve nach dem diskontinuierlichen Summations- und Auswertverfahren. Textil-Praxis 13 (1958), 133–143.
[16] WEGENER, W., Die Mehrfach-Summations- und Auswertanlage Aachen II. Melliand Textilber. 12 (1965), 1284–1292.
[17] WEGENER, W., und E. HAASE-DEYERLING, Entwicklung und Bau eines vollautomatischen Faserlängenprüfgerätes (Stapelprüfgerät) auf kapazitiver Grundlage, Erprobung dieses Gerätes und Vergleich mit den bislang üblichen Verfahren auf manueller Basis. For-

schungsbericht des Wirtschafts- und Verkehrsministeriums Nordrhein-Westfalen Nr. 633, Westdeutscher Verlag, Köln und Opladen 1958.

[18] LOCHER, H., Die Messung der Ungleichmäßigkeit des Substanzquerschnittes von Bändern, Vorgarnen und Garnen mit Hilfe des Hochfrequenz-Kondensatorfeldes. Textil-Rundschau 8 (1953), 70–80.

[19] BOYD, G. N., An electronic instrument for measuring weight variations in slivers, rovings and yarns. J. Textile Inst. 40 (1949), T 407–423.

[20] DE BEER, G. P., Capacity measurement of the count of worsted wool strands with a Uster evenness tester. Text. Res. J. 35 (1965), 33–36.

[21] BRONSTEIN, I. N., und K. A. SEMENDJAJEW, Taschenbuch der Mathematik. Verlag Harri Deutsch, Frankfurt a. M. 1962.

[22] LOCHER, H., The testing of the irregularity of blended yarns and rovings using apparatus of the dielectric-capacity type. J. Textile Inst. 44 (1953), P 698–700.

[23] GRIGNET, J., Normung der Gleichmäßigkeitsmessungen auf kapazitivem Wege, ihre Gründe und Vorteile. Melliand Textilber. 44 (1963), 677–682.

[24] WALKER, P. H., The electric measurement of sliver, roving, and yarn irregularity, with special reference to the use of the fielden bridge circuit. J. Textile Inst. 41 (1950), P 446 to 466.

[25] HEARLE, J. W. S., Capacity, dielectric constant, and power factor of fiber assemblies. Text. Res. J. 24 (1954), 307–321.

[26] WEGENER, W., und H. PEUKER, Einfluß verschiedener Endstrecken bei verkürzten Kammgarn-Spinnverfahren auf die Ungleichmäßigkeit und auf die dynamometrischen Eigenschaften von Mischgespinsten aus Wolle und kunstgeschaffenen Fasern. Forschungsbericht des Wirtschafts- und Verkehrsministeriums Nordrhien-Westfalen Nr. 1314, Westdeutscher Verlag, Köln und Opladen 1958.

[27] FOSTER, G. A. R., The effect of moisture upon the accuracy of capacity-type regularity testers. J. Textile Inst. 48 (1957), T109–127.

[28] SOMMER, H., Handbuch der Werkstoffprüfung, Band V. Die Prüfung der Textilien, S. 280. Springer-Verlag, Berlin/Göttingen/Heidelberg 1960.

Anhang

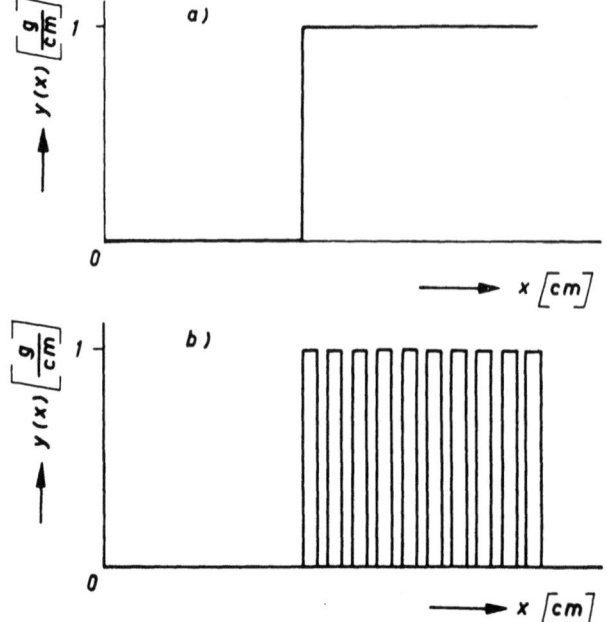

Abb. 1   a) Massesprung von der Masse 0 zur Masse 1
b) Ein durch eine Vielzahl von einzelnen Massepunkten der Höhe 1 nachgebildeter Massesprung

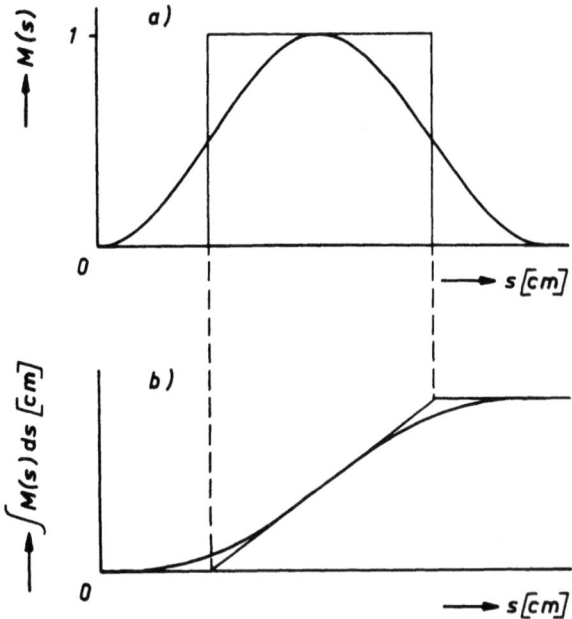

Abb. 2   a) Funktion $M(s)$ mit eingezeichnetem flächengleichen Rechteck; der Maximalwert der Funktion $M(s)$ und die Höhe des Rechteckes sind einander gleich
b) Integral der Funktion $M(s)$ mit der im Punkt des größten Anstieges eingezeichneten Tangente, die gleichzeitig das Integral des darüber gezeichneten Rechteckes darstellt

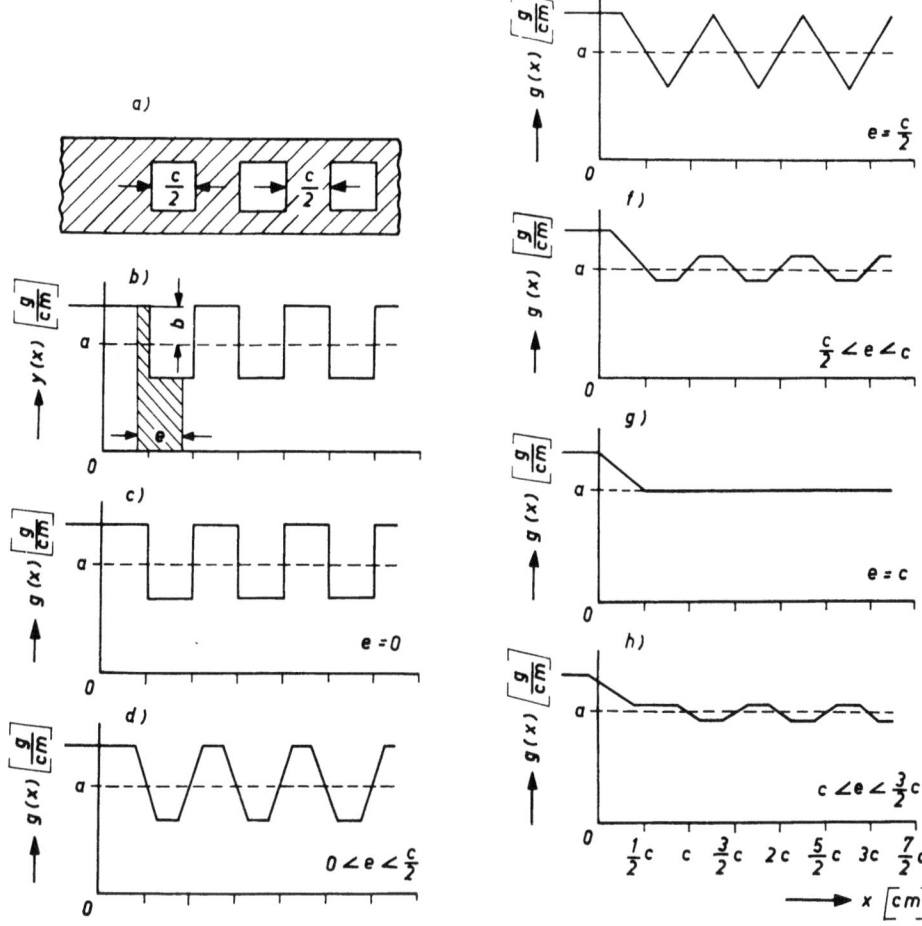

Abb. 3 a) Band mit periodisch wiederkehrenden Löchern
b) Materialdichte des in der Abb. 3a dargestellten Bandes
c) bis h) Massediagramme des in der Abb. 3a dargestellten Bandes bei Zugrundelegung verschiedener Meßfeldlängen e

x	[cm]	Variable der Längsausdehnung des Prüfgutes
$y(x)$	[g/cm]	Materialdichte
$g(x)$	[g/cm]	Stückdichte
e	[cm]	Meßfeldlänge
$\dfrac{c}{2}$	[cm]	Lochlänge und Steglänge zwischen den Löchern des Bandes
c	[cm]	Periode der rechteckförmigen Dichteschwankung
a	[g/cm]	mittlere Dichte des Prüfgutes
b	[g/cm]	Amplitude der rechteckförmigen Dichteschwankung

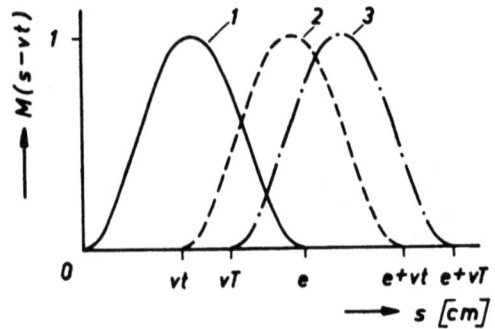

Abb. 4 Cosinusförmige Meßfeldstärke in Abhängigkeit von der Variablen s des Prüfgutes; Parameter ist die Strecke vt, die ein Prüfgut während der Zeit t vom Beginn der Messung an gerechnet mit der Geschwindigkeit v durchläuft

s	[cm]	Variable der Längsausdehnung des Prüfgutes vom Beginn der Messung an gerechnet
v	[cm/s]	Abzugsgeschwindigkeit des Prüfgutes
t	[s]	Zeit vom Beginn der Messung
T	[s]	gesamte Meßzeit
e	[cm]	Einflußlänge des Meßfeldes
$M(s-t)$	[—]	Meßfeldstärke
1		Meßfeld zu Beginn der Meßzeit
2		Meßfeld nach Durchlaufen der Strecke vt
3		Meßfeld am Ende der Meßzeit

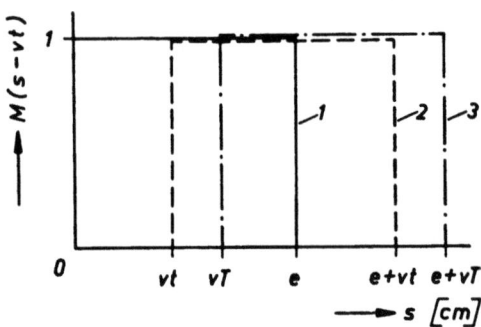

Abb. 5 Rechteckförmige Meßfeldstärke in Abhängigkeit von der Variablen s des Prüfgutes; Parameter und Bezeichnungen wie in der Abb. 4

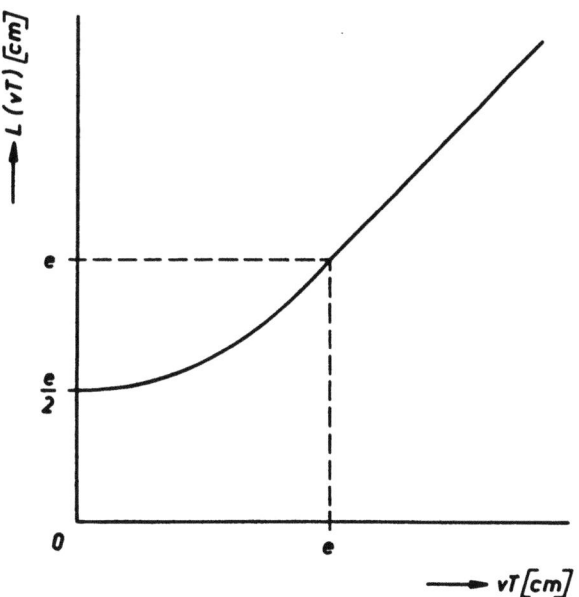

Abb. 6   Effektive Abtastlänge in Abhängigkeit von der Meßstrecke unter der Annahme eines cosinusförmigen Feldstärkeverlaufes

vT [cm]   Strecke (Meßstrecke), die während der Meßzeit T vom Prüfgut mit der Geschwindigkeit v durchlaufen wird

e [cm]   Einflußlänge des Meßwertgebers

$L(vT)$ [cm]   Abtastlänge in Abhängigkeit von der Meßstrecke

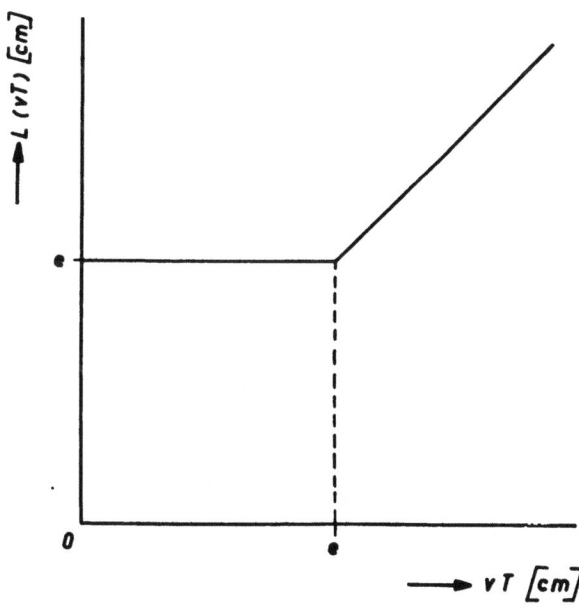

Abb. 7   Effektive Abtastlänge in Abhängigkeit von der Meßstrecke unter der Annahme eines rechteckförmigen Feldstärkeverlaufes; Bezeichnungen wie in der Abb. 6

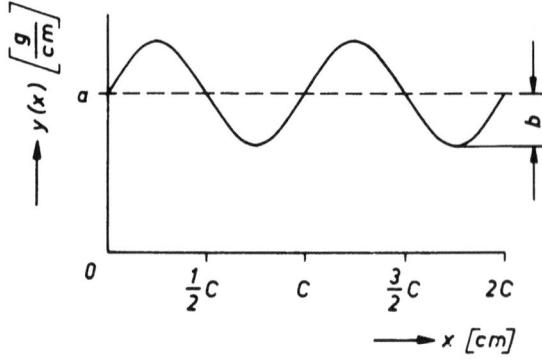

Abb. 8 Sinusförmige Materialdichteverteilung eines Prüfgutes
 x [cm]   Variable der Längsausdehnung des Prüfgutes
 $y(x)$ [g/cm]   Materialdichte
 c [cm]   Periode der Dichteschwankung
 a [g/cm]   mittlere Dichte des Prüfgutes
 b [g/cm]   Amplitude der Dichteschwankung

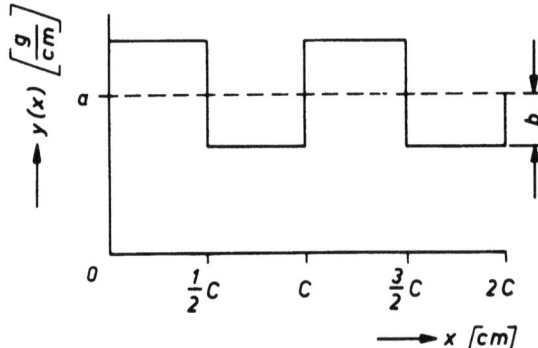

Abb. 9 Rechteckförmige Materialdichteverteilung eines Prüfgutes; Bezeichnungen wie in der Abb. 8

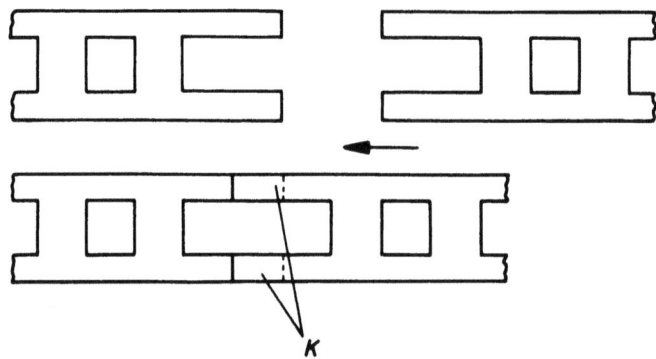

Abb. 10 Bandklebestelle ohne Vermehrung der Masse an der Überlappung der Bandenden, Bandenden vor und nach dem Zusammenkleben (K = Klebestelle)

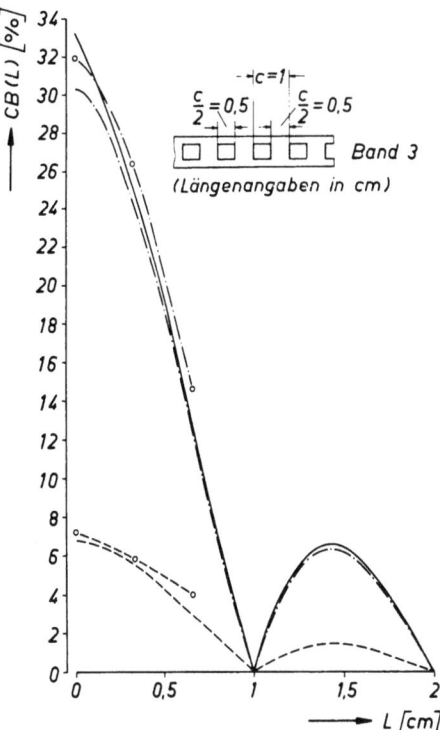

Abb. 11 Längenvariationsfunktion $CB(L)$ [%] der Materialdichteverteilung des Bandes 3

——————— nach Gl. (51) berechnete Längenvariationsfunktion ohne Vormittelung

— · — · — nach Gl. (49) berechnete Längenvariationsfunktion bei Vormittelung durch ein Meßfeld mit cosinusförmiger Feldstärke und einer Einflußlänge $e = 0{,}2$ cm, entsprechend einer effektiven Meßfeldlänge $e_\mathrm{eff} = 0{,}1$ cm

O— · —O zur Kontrolle der Gl. (49) mittels eines Längsfeldkondensators (cosinusförmige Meßfeldstärke) mit der effektiven Meßfeldlänge $e_\mathrm{eff} = 0{,}1$ cm gemessene Werte der Längenvariationsfunktion

— — — — — nach der Gl. (50) berechnete Längenvariationsfunktion bei Vormittelung durch ein Meßfeld mit rechteckförmiger Feldstärke und einer Einflußlänge $e = 0{,}81$ cm, entsprechend einer effektiven Meßfeldlänge $e_\mathrm{eff} = 0{,}81$ cm

O - - - O zur Kontrolle der Gl. (50) mittels eines Querfeldkondensators (rechteckförmige Meßfeldstärke) mit der effektiven Meßfeldlänge $e_\mathrm{eff} = 0{,}81$ cm gemessene Werte der Längenvariationsfunktion

Die Kurvenzüge ohne Punktemarkierungen (Kreise) stellen die berechneten Funktionen dar; die Punktemarkierungen repräsentieren die gemessenen Werte; sie sind zur Verdeutlichung der jeweiligen Zusammengehörigkeit durch Kurvenzüge miteinander verbunden

Die Vertrauensbereiche der gemessenen Werte sind kleiner als die Abmessungen der Punktemarkierungen

$L = vT$ [cm]   effektive Abtastlänge

c [cm]   Periodenlänge der Lochfolge

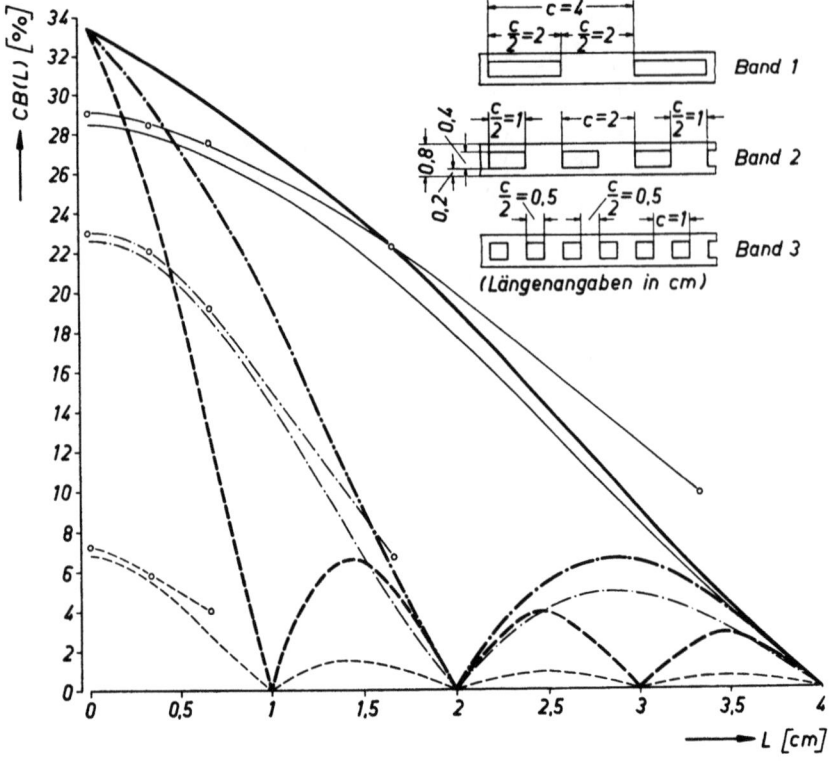

Abb. 12 Längenvariationsfunktionen $CB(L)$ [%] der Materialdichteverteilung der Bänder 1–3
————— zu Band 1
—·—·— zu Band 2
— — — — zu Band 3
Dick gezeichnete Kurven:
nach Gl. (51) berechnete Längenvariationsfunktionen ohne Vormittelung
Dünn gezeichnete Kurven ohne Punktemarkierungen:
nach Gl. (50) berechnete Längenvariationsfunktionen bei Vormittelung durch ein Meßfeld mit rechteckförmiger Feldstärke und einer Einflußlänge $e = 0,81$ cm, entsprechend einer effektiven Meßfeldlänge $e_{eff} = 0,81$ cm
Mit dünn gezeichneten Kurvenzügen verbundene Punktemarkierungen:
zur Kontrolle der Gl. (50) mittels eines Querfeldkondensators (rechteckförmige Meßfeldstärke) mit der effektiven Meßfeldlänge $e_{eff} = 0,81$ cm gemessene Werte der Längenvariationsfunktionen
Die Vertrauensbereiche der gemessenen Werte sind kleiner als die Abmessungen der Punktemarkierungen
$L = vT$ [cm] effektive Abtastlänge
c [cm] Periodenlänge der Lochfolge

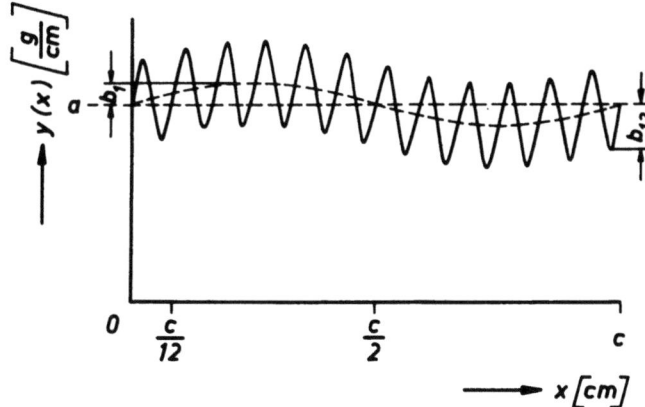

Abb. 13 Materialdichteverteilung eines Prüfgutes entsprechend der Gl. (54)

x	[cm]	Variable der Längsausdehnung des Prüfgutes
$y(x)$	[g/cm]	Materialdichte
c	[cm]	Periode der langwelligen Dichteschwankung
$\dfrac{c}{12}$	[cm]	Periode der kurzwelligen Dichteschwankung
a	[g/cm]	mittlere Dichte des Prüfgutes
b_1	[g/cm]	Amplitude der langwelligen Dichteschwankung
b_{12}	[g/cm]	Amplitude der kurzwelligen Dichteschwankung

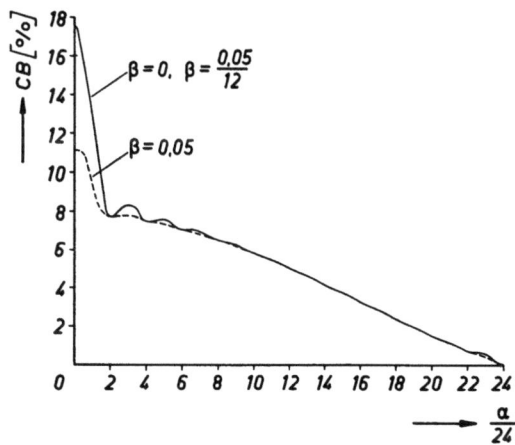

Abb. 14 Längenvariationsfunktion $CB(\alpha)$ [%] der in der Abb. 13 dargestellten und in der Gl. (54) angegebenen Funktion mit den Parametern $\beta = 0$; $\beta = \dfrac{0{,}05}{12}$ und $\beta = 0{,}05$ in Abhängigkeit von der Größe α [Ausdruck (52)]

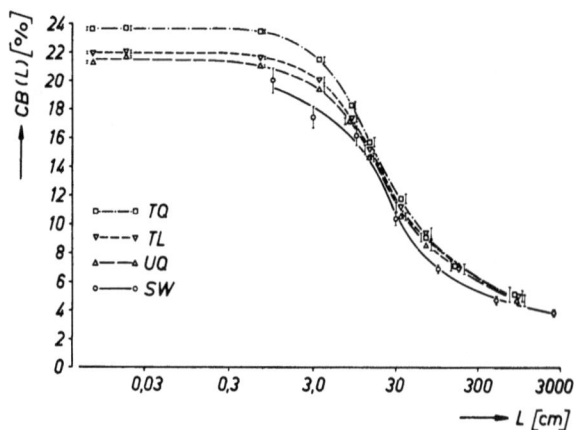

Abb. 15 Längenvariationsfunktion $CB(L)$ eines nach dem Deutsch-Französischen Kurzspinnverfahren hergestellten Wollkammgarnes Nm 40 (25 tex); Parameter ist das Meßverfahren, nach dem die Längenvariationsfunktion aufgenommen wurde

TQ   kapazitives Verfahren unter Verwendung des Gleichmäßigkeitsprüfgerätes Textronograph in Verbindung mit einem Querfeldkondensator

TL   kapazitives Verfahren unter Verwendung des Gleichmäßigkeitsprüfgerätes Textronograph in Verbindung mit einem Längsfeldkondensator

UQ   kapazitives Verfahren unter Verwendung des Meßschlitzes Nr. 7 (Querfeldkondensator) des Gleichmäßigkeitsprüfgerätes Uster

SW   Methode des Schneidens und Wiegens

$L = vT$ [cm]   effektive Abtastlänge

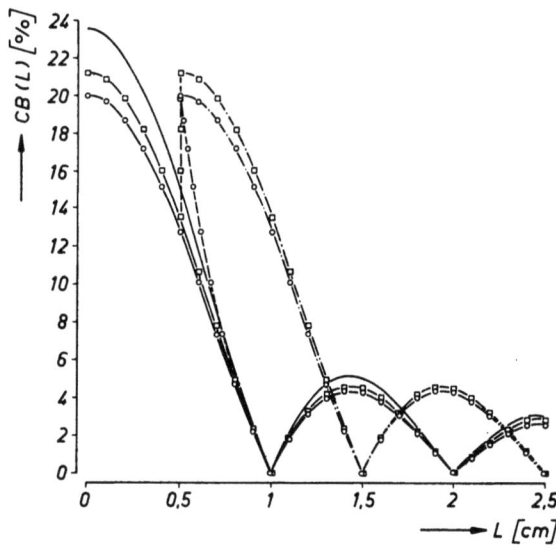

Abb. 16 Längenvariationsfunktion $CB(L)$ [%] eines Sinusfunktion mit einer Periodenlänge $c = 1$ cm unter der Annahme unterschiedlicher Meßfelder und verschiedener Definitionen der effektiven Abtastlänge L [cm]

------ effektive Abtastlänge, berechnet nach der Definition $L = \dfrac{F_G}{G_{\max}}$ [cm]

(1), speziell bei rechteckförmigem bzw. cosinusförmigem Feldstärkeverlauf nach der Gl. (19) bzw. (13)

—·—·— effektive Abtastlänge, berechnet nach der Definition $L = e_{\text{eff}} + vT$ [cm] (56)

———— effektive Abtastlänge, berechnet nach der Definition $L = vT$ [cm]

□ Funktion bei Vormittelung durch ein Meßfeld mit einem rechteckförmigen Feldstärkeverlauf

○ Funktion bei Vormittelung durch ein Meßfeld mit einem cosinusförmigen Feldstärkeverlauf

Kurve ohne Markierungen = wahre Funktion ohne Vormittelung

e_{eff} [cm] effektive Meßfeldlänge
F_G [cm] Fläche unter der Gewichtsfunktion
$G_{\max}$ [—] maximale Gewichtung
vT [cm] Meßstrecke, die während der Meßzeit T vom Prüfg mutit der Geschwindigkeit v durchlaufen wird

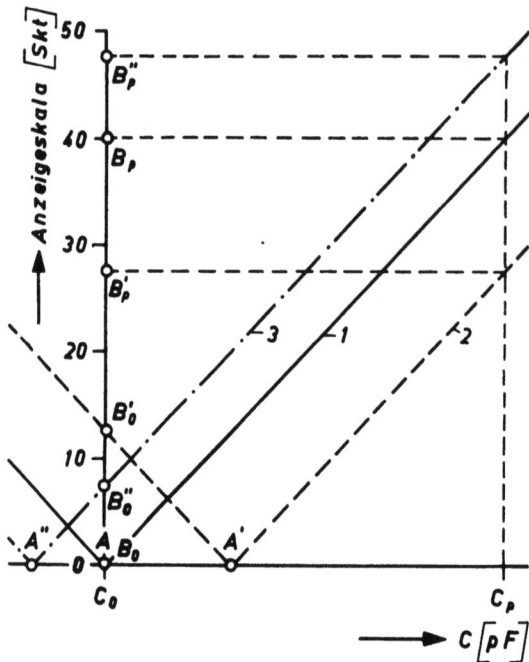

Abb. 17 Schemazeichnung der Anzeigekennlinien der auf kapazitiver Grundlage arbeitenden Gleichmäßigkeitsmeßgeräte der Firmen Zellweger, Uster, und Haase-Deyerling, Negenborn, bei verschiedenen Einstellungen des Brückenabgleiches

———————	(1) Anzeigekennlinie bei normaler Messung
— — — — —	(2) Anzeigekennlinie bei verschobenem Abgleichpunkt
— · — · —	(3) Anzeigekennlinie bei verschobenem Abgleichpunkt
C [pF]	Kapazität des Meßkondensators
C_0 [pF]	Kapazität des Meßkondensators ohne Prüfgut
C_p [pF]	Kapazität des Meßkondensators mit Prüfgut
A, A', A'' [pF]	verschiedene Abgleichpunkte
B_0, B_0', B_0'' [Skt]	Nullpunktanzeigen jeweils zugehörig zu den verschiedenen Abgleichpunkten
B_p, B_p', B_p'' [Skt]	Meßanzeigen jeweils zugehörig zu den verschiedenen Abgleichpunkten und verursacht durch ein Prüfgut, das die Kapazität des Meßkondensators auf den Wert C_p erhöht

(Das linke Ende der Anzeigeskala der beiden verwendeten Gleichmäßigkeitsprüfgeräte ist der Einfachheit halber im Diagramm mit »0« bezeichnet)

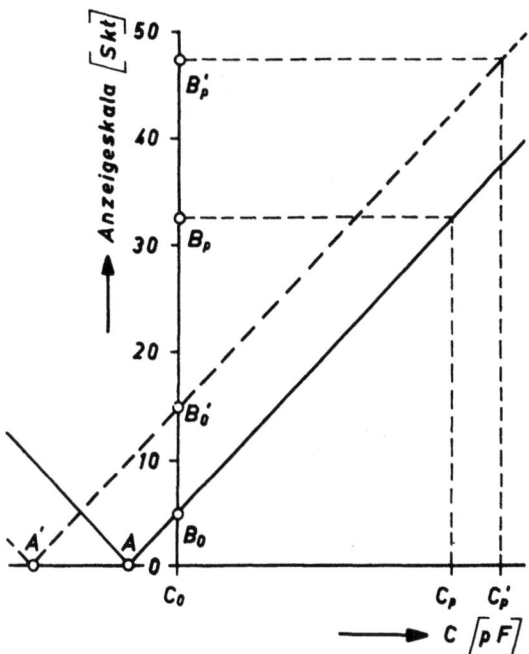

Abb. 18 Anzeigekennlinien für zwei verschiedene Luftfeuchtigkeiten
C [pF] Kapazität des Meßkondensators
C_0 [pF] Kapazität des Meßkondensators ohne Prüfgut
C_p, C_p' [pF] Kapazität des Meßkondensators mit Prüfgut
A, A' [pF] Abgleichpunkt
B_0, B_0' [Skt] Nullpunktanzeige
B_p, B_p' [Skt] Meßanzeige bei einliegendem Prüfgut

Die ungestrichenen Buchstaben bezeichnen die einzelnen Meßgrößen bei einer bestimmten vorgegebenen Luftfeuchtigkeit; die gestrichenen Buchstaben bezeichnen die einzelnen Meßgrößen bei einer neuen, erhöhten Luftfeuchtigkeit

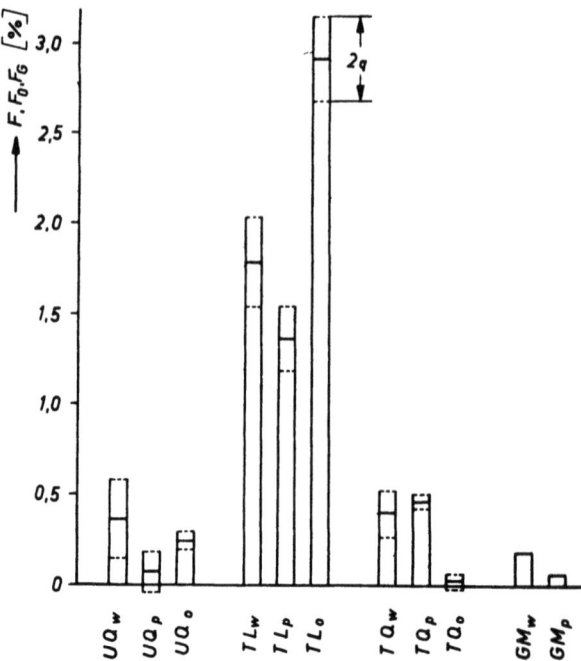

Abb. 19 Feuchtigkeitsempfindlichkeit F [%] eines Querfeldkondensators der Firma Zellweger Uster, sowie eines Längsfeldkondensators und eines Querfeldkondensators der Firma Haase-Deyerling, Negenborn, bei Prüfung mittels Wollgarnes und Perlons, die Feuchtigkeitsempfindlichkeit F_0 [%] bei Prüfung jeweils der leeren Kondensatoren sowie die gravimetrisch ermittelte Änderung der Faserfeuchtigkeit F_G [%], bezogen auf 1% Luftfeuchtigkeitsänderung

q [%]   Vertrauensbereich für eine statistische Sicherheit $S = 95\%$

Zusammensetzung der Buchstabengruppen zur Kennzeichnung der einzelnen Diagrammsäulen:

UQ   Querfeldkondensator der Firma Zellweger, Uster
TL   Längsfeldkondensator der Firma Haase-Deyerling, Negenborn
TQ   Querfeldkondensator der Firma Haase-Deyerling, Negenborn
GM   gravimetrische Messung
w Kondensatorprüfung mit Wollkammgarn Nm 60 (16,7 tex)
p Kondensatorprüfung mit Perlondraht, Durchmesser 0,2 mm
o Kondensatorprüfung ohne Prüfgut

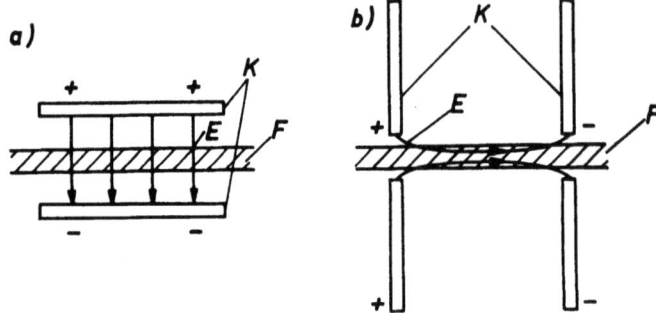

Abb. 20 Prinzipskizze des Querfeldkondensators (a) und des Längsfeldkondensators (b) bezüglich des Feldlinienverlaufes und der Durchzugsrichtung eines Faserverbandes
  E Feldlinien
  F Faserverband
  K Kondensatorplatten

Forschungsberichte des Landes Nordrhein-Westfalen

Herausgegeben im Auftrage des Ministerpräsidenten Heinz Kühn
von Staatssekretär Professor Dr. h. c. Dr. E. h. Leo Brandt

Sachgruppenverzeichnis

Acetylen · Schweißtechnik
Acetylene · Welding gracitice
Acétylène · Technique du soudage
Acetileno · Técnica de la soldadura
Ацетилен и техника сварки

Arbeitswissenschaft
Labor science
Science du travail
Trabajo científico
Вопросы трудового процесса

Bau · Steine · Erden
Constructure · Construction material ·
Soil research
Construction · Matériaux de construction ·
Recherche souterraine
La construcción · Materiales de construcción ·
Reconocimiento del suelo
Строительство и строительные материалы

Bergbau
Mining
Exploitation des mines
Minería
Горное дело

Biologie
Biology
Biologie
Biologia
Биология

Chemie
Chemistry
Chimie
Química
Химия

Druck · Farbe · Papier · Photographie
Printing · Color · Paper · Photography
Imprimerie · Couleur · Papier · Photographie
Artes gráficas · Color · Papel · Fotografía
Типография · Краски · Бумага · Фотография

Eisenverarbeitende Industrie
Metal working industry
Industrie du fer
Industria del hierro
Металлообрабатывающая промышленность

Elektrotechnik · Optik
Electrotechnology · Optics
Electrotechnique · Optique
Electrotécnica · Optica
Электротехника и оптика

Energiewirtschaft
Power economy
Energie
Energía
Энергетическое хозяйство

Fahrzeugbau · Gasmotoren
Vehicle construction · Engines
Construction de véhicules · Moteurs
Construcción de vehículos · Motores
Производство транспортных · Средств

Fertigung
Fabrication
Fabrication
Fabricación
Производство

Funktechnik · Astronomie
Radio engineering · Astronomy
Radiotechnique Astronomie
Radiotécnica · Astronomía
Радиотехника и астрономия

Gaswirtschaft Gas economy Gaz Gas Газовое хозяйство	**NE-Metalle** Non-ferrous metal Metal non ferreux Metal no ferroso Цветные металлы
Holzbearbeitung Wood working Travail du bois Trabajo de la madera Деревообработка	**Physik** Physics Physique Física Физика
Hüttenwesen · Werkstoffkunde Metallurgy · Materials research Métallurgie · Matériaux Metalurgia · Materiales Металлургия и материаловедение	**Rationalisierung** Rationalizing Rationalisation Racionalización Рационализация
Kunststoffe Plastics Plastiques Plásticos Пластмассы	**Schall · Ultraschall** Sound · Ultrasonics Son · Ultra-son Sonido · Ultrasónico Звук и ультразвук
Luftfahrt · Flugwissenschaft Aeronautics · Aviation Aéronautique · Aviation Aeronáutica · Aviación Авиация	**Schiffahrt** Navigation Navigation Navegación Судоходство
Luftreinhaltung Air-cleaning Purification de l'air Purificación del aire Очищение воздуха	**Textilforschung** Textile research Textiles Textil Вопросы текстильной промышленности
Maschinenbau Machinery Construction mécanique Construcción de máquinas Машиностроительство	**Turbinen** Turbines Turbines Turbinas Турбины
Mathematik Mathematics Mathématiques Mathemáticas Математика	**Verkehr** Traffic Trafic Tráfico Транспорт
Medizin · Pharmakologie Medicine · Pharmacology Médecine · Pharmacologie Medicina · Farmacología Медицина и фармакология	**Wirtschaftswissenschaften** Political economy Economie politique Ciencias económicas Экономические науки

Einzelverzeichnis der Sachgruppen bitte anfordern

Westdeutscher Verlag · Köln und Opladen
567 Opladen/Rhld., Ophovener Straße 1–3, Postfach 1620

MIX
Papier aus verantwortungsvollen Quellen
Paper from responsible sources
FSC® C105338

If you have any concerns about our products,
you can contact us on
ProductSafety@springernature.com

In case Publisher is established outside the EU,
the EU authorized representative is:
**Springer Nature Customer Service Center GmbH
Europaplatz 3, 69115 Heidelberg, Germany**

Printed by Libri Plureos GmbH
in Hamburg, Germany